公共空间的
银龄生活"新画卷"

ELDERLY LIFE IN PUBLIC SPACE

■ 董贺轩 高翔 陈玺 著

U0172235

华中科技大学出版社
http://www.hustp.com
中国 · 武汉

图书在版编目(CIP)数据

公共空间的银龄生活"新画卷" / 董贺轩,高翔,陈玺著. — 武汉：华中科技大学出版社,2022.2

ISBN 978-7-5680-7892-4

Ⅰ. ①公… Ⅱ. ①董… ②高… ③陈… Ⅲ. ①城市空间－关系－老年人－社会生活－研究 Ⅳ. ①TU984.11②C913.6

中国版本图书馆CIP数据核字(2022)第001618号

公共空间的银龄生活"新画卷"
GONGGONG KONGJIAN DE YINLING SHENGHUO "XINHUAJUAN"

董贺轩　高翔　陈玺　著

出版发行：华中科技大学出版社（中国·武汉）	电话：（027）81321913	
地　　址：武汉市东湖新技术开发区华工科技园	邮编：430223	
出 版 人：阮海洪		

策划编辑：易彩萍　　　　　　　　　　　　　　　　责任监印：朱　玢

责任编辑：易彩萍

印　　刷：湖北新华印务有限公司

开　　本：710 mm×1000 mm　　1/16

印　　张：17.25

字　　数：351千字

版　　次：2022年2月第1版第1次印刷

定　　价：78.00元

投稿热线：（010）64155588-8000

本书若有印装质量问题，请向出版社营销中心调换

全国免费服务热线：　400-6679-118　竭诚为您服务

作者简介

董贺轩

1972 年生，华中科技大学建筑与城市规划学院教授；曾出版学术著作《城市立体化设计——基于多层次城市基面的空间结构》《立体城市：空间营建理论与实践》，于境内外期刊及专业会议发表论文二十余篇；主持国家自然科学基金面上项目"住区开放空间的适老健康绩效与设计导控研究——基于武汉实证"、教育部人文社科基金项目"我国城市社区户外公共空间对退休群体人际网络重构的作用机制研究"、湖北省自然科学基金面上项目"城市社区公共空间对退休群体精神健康调适的作用机制研究"等。

高翔

1997 年生，华中科技大学建筑与城市规划学院风景园林专业硕士，研究方向为城市设计；曾参与国家自然科学基金面上项目、湖北省自然科学基金面上项目；发表论文 3 篇；获得第十八届亚洲设计学年奖银奖、2021 年中国风景园林教育大会学生设计竞赛三等奖、2020 发展中国家建筑设计大展暨国际学生设计竞赛银奖、G-CROSS 全球大学生创意金星奖银奖等专业奖项；主持并完成国家级大学生创业实践项目 1 项、校级大学生创新项目 1 项；获得插花培训师职业资格。

陈玺

1994 年生，华中科技大学建筑与城市规划学院风景园林专业硕士，研究方向为城市设计；曾参与国家自然科学基金面上项目、湖北省自然科学基金面上项目；发表会议论文 1 篇——《安全视角下地铁站标识系统及其使用评价与优化设计研究——以武汉轨道交通 2 号线为例》。

前　言

春风吹拂大地，历经风霜的老树发出了新芽，从计划生育国策实施开始，我国的人口结构不断趋于老龄化，昔日朝气蓬勃的年轻人，历经岁月的沉淀，渐迫迟暮。1999年，我国60周岁以上老年人口已经占到总人口的10%，已正式步入老龄化社会。如今，我国已成为全球老年人口最多的国家，我国老年人口数量占全球老年人口总量的五分之一。相较于其他国家，我国的人口老龄化存在着人口基数大、持续时间长、发展速度快，以及与经济发展速度不匹配等多重问题。习近平同志在十九大中明确提出，"积极应对人口老龄化，构建养老、孝老、敬老政策体系和社会环境"。随着人口老龄化问题的日益突出，老年人问题成为人居环境学、老年社会学、老年心理学、医学等研究领域的重点内容。

工人放下钉锤，拎起鸟笼，悠然走向公园；公司职员解下领带，将公文包换成钓鱼竿，在岸边栏杆斜倚垂钓；老师放下粉笔走下讲台，戴上老花镜，坐在公园长椅上读报。老人也曾年轻，他们在年轻时奉献了自己最美好的年华，为社会贡献了"光和热"；步入老年后，他们余生的序幕已然拉开，是时候品一杯香茗，揽一缕清风，赏一抹斜阳，安享晚年，不负时光了。如此，健康供老、健康养老也便提上了日程。一方面，各种慢性病与突发疾病始终是老年人健康生活之路上的一座大山，他们年华逝去，往昔挺直的腰杆被蹉跎的岁月压弯，明亮的双眸也趁人不备变得模糊浑浊，随之而来的种种生理机能的老化，日益加剧了老年人的健康问题。英国顶级学术期刊 Nature 曾发布一项研究，结果表明，未来10年内，全球将有3.88亿人由于慢性病而去世。据卫健委统计，我国近50%的老年人受高血压、冠心病、糖尿病等慢性疾病的长期影响。另一方面，增强老年人的体力活动对提高老年人的健康水平具有重要意义。相关研究表明，体力活动能有效抑制冠心病、高血压、肥胖等常见老年慢性疾病的发病概率，更能增强老年人的体质，提高老年人的健康水平，同时有益于老年人的心理健康。

比起沉闷且令人感到些许孤独的室内，开阔明亮、热闹喧嚣、秀色满园的室外公共空间更受到老年人的青睐，是他们进行体力活动的主要场所，公共空间的适老化设计便是保障老年人体力活动安全与健康的关键。老年人日常闲暇时间较多，是参与社会文化生活、社区活动、日常社交等方面的主流人群之一，有充足的时间及精力进行各类户外体力活动。跳出当今时代，放眼整个历史，积极健康的生活方式、百病不侵的强健体魄、仙风道骨的心灵世界，素来是我国历朝历代老年人的向往。

年轻人如春天的桃花，成簇盛放，他们浑身仿佛有着使不完的力气，恣意挥洒青春，充满了活力与朝气；老年人如冬季的松林，傲然挺立，三两成群，指点江山，回首往事，悠然度暮年，亦成独特的风景。老年人的体力活动相较其他人群而言，有一定的特殊性及差异性：首先是心理条件，城市中的老年人大多从单位退休，与社会核心劳动的联系相对较弱，失落感的种子常在老年人心中发芽；其次，老年人的免疫力有所下降，更加需要营造一个安全健康的活动和锻炼场所。所以，公共空间的适老性设计一方面要满足并解决老年人的日常生活和照顾问题，另一方面要应对老年人生理、心理及社会状态等方面的变化，对老年群体的需求进行差异化和多样化的回应。那么老年人在公共空间的活动状态与需求究竟如何？公共空间环境与老年人活动之间又存在何种关系？这是值得关注并深入研究的一个话题。

本书分为理论与背景、体验与发现、策略与建议三部分：第一部分为第1章，阐述了人口老龄化、健康老龄化和公共空间的适老性建设；第二部分包括第2~5章，对城市公园、居住区公共空间、校园公共空间、街道公共空间等四类公共空间及空间内的老年人活动进行实地体验和发现；第三部分为第6章，从适老性空间营造的原则、策略和模式三个方面提出建议。

全书运用抒情式的语言进行写作，以使更多的人从内心真正关注老年人群体，了解老年人的活动场景，从而产生情感共鸣。特别是第2~5章的体验与发现部分，采用了抒情散文的写法，以图文为载体，呈现老年人在公共空间中真实的活动状态，以多人的视角观察、品味老年人的生活和心理状态。

"盈缩之期，不但在天；养怡之福，可得永年。"人，随着岁月的流逝，终会老去，老龄生活是我们必然要面对的，公共空间的适老性营造，会为未来的日子增色添彩，值得期待。

本书希望以老年人的健康生活为出发点，深入观察、寻访老年人的日常户外活动及其场所，从中留意他们的身影，感知他们的内心，触摸他们的世界，细细品味银龄生活，以旁观者的身份讲一讲他们的故事。于此，探索老年人户外体力活动与公共空间环境之间的关系，发现现有公共空间环境的问题，为公共空间的适老性建设提供思考和建议，也为老年人整体健康生活水平的主动干预提供人居环境学科视角下的路径。

目　录

人口老龄化与适老性公共空间

1

1.1 人口老龄化——趋势与潮流

曾经的他们，是两个孩子，喜欢捉迷藏、打弹珠、荡秋千，在八九岁的年纪，恣意挥洒汗水；现如今，他们脸上已生出胡须，鬓角还飘着几缕白发，静静坐在树下，沉浸于眼前的棋局，眼角的皱纹仿佛也在诉说着往昔岁月。不知何时，楼前空地、居民楼间、街角广场，身边开始出现越来越多的老者，银发浪潮席卷而来，人口老龄化的概念随着社会的发展广为人知。不难理解，人口老龄化是人口寿命普遍延长、生育率下降及老年人口占总人口比例逐年增加的一个过程[1]，是总体人口平均年龄逐年增高的社会现象。根据联合国在《人口老龄化及其社会经济后果》中制定的标准可知，当一个国家或地区 65 岁及以上老年人口占总人口比例超过 7% 时，则意味着这个国家或地区进入老龄化阶段。1982 年，维也纳老龄问题世界大会调整了老年人口起始年龄，确定 60 岁及以上老年人口占总人口比例超过 10% 时，即意味着这个国家或地区进入严重老龄化阶段[2]。

时光荏苒，一代又一代的年轻人在岁月的流逝中慢慢老去，再加上生育率的下降，人口老龄化在世界范围内已经成为普遍的现象。该现象最早可以追溯到欧洲，后来随着各个地区的发展，美国和日本等发达国家也都不可避免地走向了人口老龄化。中国作为发展中国家，也在 1999 年迎来老龄化，并成为目前老年人口最多的国家。据第七次全国人口普查数据

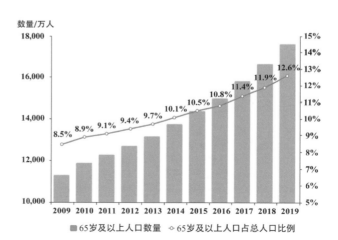

图 1.1

全国老年人口数量统计
（来源：《中国统计年鉴 2020》）

显示，截至 2020 年 11 月 1 日，我国 60 岁以上的老年人口数量已达 2.6 亿，其中，65 岁及以上人口数量达 1.9 亿，呈现不断上涨的趋势，老年人口比例也在不断增长，我国将逐步转向中度老龄化。预计到 2050 年，我国老年人口将超过总人口的三成。

根据现阶段的社会情况，我国的老龄化趋势及特点可概括为四点：①老龄化问题将伴随 21 世纪始终；② 2030—2050 年是中国老龄化最严重的时期；③严重的人口老龄化问题将日益突出；④我国将面临人口老龄化和人口过剩的双重压力。《老年健康蓝皮书：中国老年健康研究报告（2018）》中指出，"中国老龄化进程远超经济发展，人口老龄化带来社会经济负担和人才、资源短缺的局面，尤其是老龄人口的增加使政府和社会在养老、医疗、设施建设等方面的支出增加，老龄健康服务面临巨大挑战"[3]。

或许很多人认为老龄化是一个普遍且正常的现象，但是它将带来很多复杂的问题，比如养老保障负担加重、医疗卫生压力增大、社会服务需求膨胀、人口健康水平整体下降等。解决老龄化问题的进程刻不容缓，其已经与国家的稳定发展息息相关。早在 1982 年，维也纳老龄问题世界大会通过的《老龄问题国际行动计划》就提出了老龄问题不仅是发达国家的问题，发展中国家的人口老龄化问题发展态势更为突出[4]。

人口老龄化的趋势已席卷全球、势不可挡，我国的老龄化程度也在不断加深，面对"银发浪潮"，我们该如何应对？

养老保障负担加重　　医疗卫生压力增大　　　社会服务需求膨胀　　　人口健康水平整体下降

图 1.2
人口老龄化带来的问题

3

1.2 健康老龄化——诉求与促进

科学家说，太阳在一亿年内的变化可以忽略不计，这样，到我们八十岁的时候，还可以看到小学五年级放学时看到的那一片晚霞。每个人都想抓住青春的那声蝉鸣不放，到后来只求岁月不要侵蚀自己的健康。1990 年，世界卫生组织提出了健康老龄化这一概念，这是我们在解决人口老龄化问题道路上的一次探索。健康老龄化的概念并不复杂，其是以老年人的生理健康、心理健康及良好的社会适应能力来应对人口老龄化的。健康老龄化主要包括三项内容：①老年人个体健康，包括老年人生理和心理健康及良好的社会适应能力；②老年人口群体的整体健康，包括健康预期寿命的延长及与社会整体相协调；③人文环境健康，人口老龄化社会的社会氛围良好与发展持续、有序、合规律。所以，健康老龄化一方面是指老年人个体和群体的健康，另一方面是指老年人生活在一个良好的社会环境中[5]。

在健康老龄化的基础上，拓宽概念内涵，进一步提出积极老龄化的概念，这是在解决人口老龄化问题道路上的又一次探索。2002 年第二届世界老龄大会将积极老龄化写入该会通过的《政治宣言》，以促进老年人健康并更好地融入社会。世界卫生组织（WHO）围绕"健康""参与"和"保障"三大维度，提出六组用于具体测量的指标体系，构成了积极老龄化政策框架的基础[6]。积极老龄化既适用于个体又适用于群

图 1.3
针对老龄化问题的部分政策

体，它让老年人认识到自己在一生中体力、社会以及精神方面的潜能，并按照自己的需求、愿望和能力去参与社会生活，而且当他们需要帮助时，能获得充分的保护、保障和照料。与此同时，我国发布了《中国健康城市建设研究报告（2020）》，在报告中提出"三位一体"的健康城市概念，"三位"即研究、实践和政策，注重理论和实证相互结合的研究。在规划建设的同时，构建我国的健康城市指标体系和健康影响评估标准，将其作为健康城市发展的评判标准，针对我国人口老龄化现状，指出健康中国的战略目标是实现健康老龄化和积极老龄化，维护和促进老年人的健康成为社会和谐稳定发展的必然要求[7]。

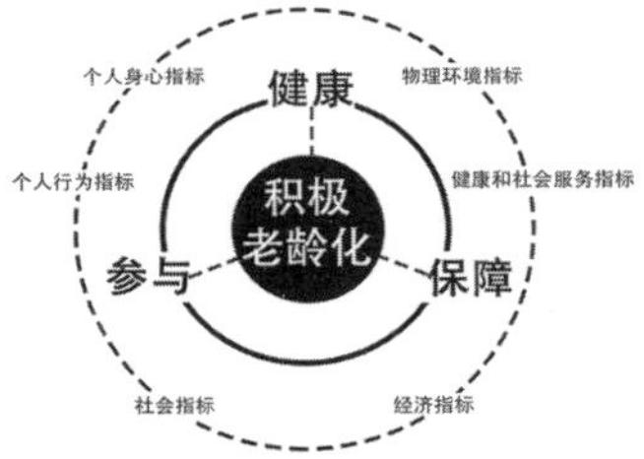

图 1.4
积极老龄化政策框架

在健康老龄化与积极老龄化概念相继提出后，世界卫生组织于 2005 年提出"老年友好型城市"理念并开展相关工作。老年友好型城市顾名思义是一种能够减少和改善人们在老龄化过程中遇到各种问题的城市，这种城市兼具包容性与可达性，能够消除各种物质与非物质上的障碍，从而促进积极老龄化[8]。2006 年，世界卫生组织与加拿大公共卫生署 (PHAC) 正式合作发起了老年友好型城市项目，对全球 22 个国家的 33 个城市进行实地调查，同时世界卫生组织于 2007 年编写完成了《全球老年友好城市建设指南》(Global age-friendly cities: a guide)[9]。我国自 2009 年起，在全国范围内开展"老年友好城市"建设试点，对老年人各个方面的特征和需求给予充分考虑，并于 2011 年颁布《中国老龄事业发展"十二五"规划》。建设老年友好城市，旨在给老年人提供较好的生活环境，为适老性的研究打下了有利的基础。

不知何时开始有了猫狗的陪伴，也不知手上为何多了鸟笼，躺在吱呀作响的摇椅上，听着微风在耳边轻吟。曾经，年少轻狂，桀骜不驯；如今，经过岁月的沉淀，一切逐渐归于平淡。年迈的人们更加渴望的，是健康地安享晚年。

1.3 公共空间与适老性——追求与发展

略微舒展一下酸痛的腰背，似乎年轻时用不完的力气一点点随风飘散了，如鹰的鼻梁仍耸立着，不过平添了几条皱纹，朦胧中，揉了揉曾经炯炯有神的双眼，忽地一片模糊，好像既看不清眼前的孩子在干什么，也看不清远处年轻人的心了。大部分老年人到了一定的年龄，就会跟不上社会发展的脚步，从而一点点脱离社会。针对老年人脱离社会的问题，Robert J. Havighurst 首次提出了活跃老化理论，他认为老年人的社会活动水平与老年人对生活的满意度呈正相关，即社会活动水平高的老年人能够适应自己的新角色，从而改善因社会角色变化而引起的低落情绪[10]。年轻人过于忙碌，很难揣测老年人内心的想法，而当老年人融入新的群体，便会形成自己的亚文化圈。老年亚文化的形成与老年人老龄化导致的社会地位下降有一定的关联性，即老年人与年轻人的交流和共同的生活圈很少，在社交竞争中处于不利的地位，故其交往对象也多为老年人。且在老年亚文化圈中，老年人可以较少地感受到年龄歧视，对自我的社会认知也会随之增加。所以，一方面要让老年人以新的角色再次融入社会，实现新的人生价值；另一方面要努力组建形成老年亚文化圈，将个人行为融入集体行为，避免个人的孤独与价值缺失。在活跃老化理论中，老年人由于年龄的增长，在社会生活中积累了更多的经验，"老化"由一个具有负面影响的代名词转变成了正面的社会经验。社会应该以更加宽容的心态看待老年人群体，让老年人感受到社会环境是适宜的、安全的与健康的，调动老年人参与社会活动的积极性，充实老年生活，实现自我价值。

每个人都是世界的设计师，我们要为老年人创造时尚的空气与阳光，让老年人重新焕发神采。为了营造适老性空间，我们以公共空间为基础进行研究。现在最普遍的公共空间的定义来源于吴志强和李德华的《城市规划原理（第四版）》[11]。书中提出，狭义的公共空间是指供城市日常生活，同时用于社会生活的户外空间，主要包括街道、广场、居民区、户外场所、公园和体育场地等。广义的公共空间是指所有具有公众设施的空间，主要包括城市中心区和城市中心绿地。

图 1.5

老年人生活圈与年轻人生活圈
割裂，从而形成老年亚文化圈

"公共空间"作为一个特定名词，最早出现于 20 世纪 50 年
代的社会学著作。20 世纪 60 年代初，简·雅各布斯在《美国
大城市的死与生》中将"公共空间"这一术语引入城市研究
领域[12]。在城市研究领域，公共空间是城市开发和社区建设
中促进社会交往与恢复城市活力的重要因素，卡尔将公共空
间定义为人们进行功能性或仪式性活动的共同场所，在日常
生活或周期性的节日中，它使人们联合成社会[13]；凯文·林奇
将公共空间定义为可供社会成员自由进出并进行活动的场所
[14]；李德华在《城市规划原理（第三版）》中将城市公共空
间的狭义概念定义为供城市居民日常活动和社会生活公共使
用的室外空间[15]。从以上定义中我们可以看出，公共空间具
有物质和社会的双重属性。联合国 2016 年公布的《新城市议
程》提出将公共空间作为城市规划的核心要素，要让大家能
够均等地享受城市生活带来的美好[16]。 我国发布的《社会蓝
皮书：2020 年中国社会形势分析与预测》显示，截至 2019 年末，
我国城镇化率已达到 60%，基本实现城镇化，标志着我国进
入城市社会时代。重视城镇公共空间设计、提高城市规划水
平是我们所追求的，这可以很大程度上增强包括老年群体在
内的人们的幸福感。

很早的时候，国外的一些国家就进入了老龄化社会，对公共
空间环境的适老性研究已经形成了相关理论体系。《人性场
所：城市开放空间设计导则》从老年人生理、心理及社会活
动等方面的特征，对老年人居住空间的户外空间设计进行了

7

相关描述，提出了适老化设计导则[17]；Carstens 从老年人的各个方面需求，提出空间对老年人产生的影响和适老性设计的策略[18]。外部环境可以通过活动干预来促进老年人健康生活，以促进老年人活动为目的研究公共空间对老年人健康的影响[19]。Keskinen 等分析了老年人的户外活动与空间环境变化的相关性，提出优美的自然环境会促进老年人开展户外活动，尤其是行走困难的老年人[20]。同时，研究发现，老年人户外活动的动力包括社会支持、设施齐全、空间活力感知良好，户外活动的增加有助于老年人保持较好的身体机能状态[21]。Rodiek 在研究中指出环境的各种特征会影响居民的使用体验，路径、舒适度、绿化、风景、窗户和过渡空间是鼓励老年人开展户外活动的空间特征[22]。Booth 等证明步行空间的增加会使老年人的活动量增加[23]。刘正莹和杨东峰对住区建成环境里的老年人户外休闲活动进行分析和对比，指出空间视域广、道路密度大与土地利用多样对老年人出行频率有促进作用[24]。同时，国内老年人照顾小孩的现象使得两个群体经常一同活动，公共空间的适老性设计需同时满足老幼群体的活动需求，亦可促进代际融合。

那么，究竟如何让老年人更好地融入当今社会、积极地参与老龄活动呢？带着问题、思考与情感，我们深入到公共空间中去，在实践中感知场地中的银龄生活，在体验中发现场所中的银龄故事，从中梳理促进老年人健康生活的公共空间环境及其品质特征。

图 1.6
公共空间的适老性设计

散步与观景

看孩子与遛狗

演奏与观赏

跳舞与闲坐

摆摊与购物

2

城市公园中的银龄生活

城市中有一部分绿地是专门建设起来的，市民可以在这里散步或静坐，交谈或娱乐，或观赏繁花似锦，或游览绿荫翠幕。这部分绿地被定义为城市公园，它对整个城市环境的美化起着不可或缺的作用。除此之外，它还是灾害发生时市民的应急避险场所，为市民的安全保驾护航。

本章将城市公园分为五种类型，分别为综合公园、滨水公园、风景名胜公园、文化主题公园、游园，并且观察不同类型城市公园中的银龄生活，思考公共空间的营造方式。

2.1 综合公园——城市绿心中的银龄世界

在城市公园范畴中，当属综合公园的休闲游乐设施最为丰富，它方便了市民进行多样的户外活动，是城市中最常见、功能最齐全的公园。综合公园规模一般大于 $10\ hm^2$，它是城市绿地体系的面状区域。在这里人们可以进行各种活动，其承载的文化生活渗透到了城市环境的各个角落。

综合公园除了具有园林绿地的提升城市景观形象、改善生态环境、大众游憩休闲等一般功能，在弘扬政治文化、科普教育示范、促进城市发展等方面也发挥着重要作用。综合公园的功能可以分为以下六点。

第一，提升城市景观形象。景观常常被看作视觉审美对象，综合公园是城市中规模较大的绿地，设计师在设计中表达的艺术、承载的情感，能给人们带来独特的审美体验。因此，综合公园常常成为一个城市景观形象的标志，塑造出每个城市独一无二的形象名片。

第二，改善生态环境。综合公园归根到底属于城市绿地，与其他绿地共同组成了城市的自然环境。它在高楼林立的城市中，以较高的绿化覆盖率，成为城市中难得的方寸绿洲，发挥着净化空气、改善小气候的生态作用，是人们体验自然、寻求闲适的世外桃源。

第三，大众游憩休闲。景观设计的目的是为人服务，城市景观设计尤为如此。综合公园作为面积较大的面状城市景观，所能容纳的城市居民数量较多，相应地，其景观设计除了具有一般的游憩休闲功能，还必须满足居民因年龄、职业、爱好等不同而带来的需求差异，尽可能使得所有居民各得其所。

第四，弘扬政治文化。综合公园作为使用人群较多的活动场所，在城市景观营造中，也讲述着城市历史文化的故事，为居民带来亲切感与归属感，并在潜移默化中弘扬新思想和价值观，成为居民重振精神力量的加油站。

第五，科普教育示范。绿地是进行科普教育的良好的户外课堂。综合公园可以通过普及科学知识、宣传科技成果，给人们带来寓教于乐的游赏体验；同时可以通过生态示范，开展有效的生态教育，激发人们对自然的热爱，让保护环境成为全社会的自觉行动。

第六，促进城市发展。综合公园是城市中的绿洲，它带来了丰富的景观效果和优良的生态效益，能够带动周边地块增值。对综合公园进行维护与管理有助于提高城市整体的管理水平，促进城市软实力的发展，实现在城市中的美好生活。

与此同时，综合公园往往具备一定的基础服务设施，为居民和游人的休憩游乐和运动健身提供方便，综合公园的活动内容与设施大体可以分为以下三种。

第一，休憩游乐。综合公园的活动内容常常根据不同人群的不同需求而设置。除了满足大多数居民的观赏游览、社交互动、安静休憩功能，还可以结合园艺参与，为儿童营造亲子互动活动，为老年人提供康养疗愈活动。

第二，运动健身。随着健康城市建设的不断发展，人们对身心健康的要求越来越高，综合公园作为优良的自然场所，成为人们运动健身的绝佳场地。在运动健身项目的设置中要考虑不同年龄人群及特殊人群的需求，实现全龄化设计，如儿童喜爱游戏设施，青年喜爱篮球等的运动场地，老年人则偏爱健身器材。

第三，文化科普。在综合公园中融入历史文化与科学元素，通过展览、陈列等相关历史文化和科学知识，避免场所记忆与文化意象的割裂，也可宣传普及园艺知识，寓教于游、寓教于乐。

综合公园以河南省南阳市人民公园和长垣市如意园为例，分析公园中老年人活动场所及行为特点。综合公园面积较大，服务设施相对完善，到此活动的老年人群相对较多，活动内容也较为丰富。

表演与围观的趣味互动

冬季，下午
多云
南阳市，宛城区
人民公园/广场

冬季的下午三四点，太阳已经升到正上空，但天空依旧灰蒙蒙的，冷风时不时吹过，仍算不上暖和。

一条 8 m 宽的护城河在公园内部环绕，在靠近北门的弧形区域，与两座景观桥围合出一块扇形广场。广场周围均为密林区，北边是三友林，南侧是观鸟林。

广场接近矩形，北边以大门为边界，东边是一排矮墙，其余两边向外开敞，由中间偏北的矩形花坛和大面积硬质铺装组成。花坛四周是木质座椅，东边矮墙下还有一排休憩设施。大部分长者只是穿行广场，只有一小部分选择在广场上停留休闲。

【聊天】

花坛东侧靠近大门的木质座椅，两位男性长者并排坐着，他们解开臃肿的棉服，半侧着身子，面对面积极地交流着，应该是谈论着家长里短，脸上充满了笑容。

广场东边矮墙下的白色靠背椅上，有两位相约锻炼的女性长者，其中一位激动地站起来，边说边比画着，另一位则专心地听着，两位老人都沉浸在彼此的谈话中。

【玩手机】

花坛东侧木质座椅的中部，一位穿着红色棉袄的男性长者独自坐在这里。他熟练地戴上老花镜，专注地盯着手机屏幕，沉醉于手机里丰富的世界。

【跳舞】

花坛南侧空出一块面积较大的矩形场地，一支老年舞蹈盘鼓队在这里排练。三位女性长者站成一排，同时跟着舞蹈的节奏抬高右手臂并放低左手，努力摆出整齐的动作，沉浸于舞蹈的艺术中，她们的随身物品则堆放在旁边的空地上。

【闲坐】

花坛南侧的木质座椅上，长者和年轻的亲属安静地坐着，各自保持着沉默，相互之间缺了几分交流。

最左边的男性长者独自发呆，仿佛对眼前的热闹不感兴趣；中间一位女性长者在认真地看报，并时不时地抬头看看；最右侧的女性长者则全神贯注地欣赏着舞蹈。

13

【唱歌】

广场东侧的小路上有豫剧表演队，两位身着红色大衣的女性长者站立在人群中，拿着话筒边演边唱，姿态笔直端庄。面前还有一排长者，正投入地摆弄着伴奏的乐器。

广场中间树阵广场上有曲剧表演队，两位拿话筒的女性长者站在两侧。其中右侧那位边唱边托起红围巾摆动着，中间那位则挽手站立，表演一场情景戏剧。

【看戏】

广场东边的桥上，长者站成一排靠着栏杆欣赏表演，围观人群一直延伸到桥头与广场的连接处，只有个别长者自带了座椅。

广场中间的曲剧表演吸引的观众更多，看戏的观众围成圈，其中北侧的长者自带座椅，整齐地坐成一排，其余大部分观众则站着。
远离人群的东边还有一排整齐的观众，他们大都坐在种植池旁的条形座椅上，部分老人则直接坐在台阶上。由于不能欣赏到表演的全貌，有的则交谈了起来。

出入口广场，
眼前的景象热热闹闹；
北大门附近，
来往的长者络绎不绝；
硬质广场上，
老年舞蹈队声势浩大；
花坛座椅旁，
悠闲的长者安静坐着。

位置绝佳的硬质广场，
是老年舞蹈队表演的展台；
尺度适宜的休息座椅，
是长者歇脚停留的场所；
充满活力的表演，
是抬头就能欣赏到的风景。

无起伏的硬质地面，
长者观众高矮不一，
座椅设施数量不足，
只有占据有利的位置，
才能获得最佳的体验效果。
多数行动不便的长者，
只能长时间站立着。

唱演与观看的活动区中，
高差适宜的观演剧场，
足量的休憩设施，
特殊体质长者的观赏需求，
即能得到满足。

闹市森林，多彩生活

冬季，上午
晴
长垣市，蒲西区
如意园

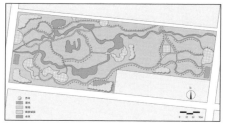

【带小孩】

东边如意广场是全园最活跃的区域，上午的广场上活动的主要是带小孩的人群，广场周边小路上都是卖风筝的商摊，摊主用捕鱼网和各色小吃来吸引小孩注意。一个穿着粉色上衣、扎着两个羊角辫的小女孩绕着广场走圈圈，拿着手机挥舞着，她的爷爷颤颤巍巍地走在后面，生怕小女孩摔着，一路保驾护航。

【散步】

从广场进入园区，蜿蜒的小路，两边是常绿的樟树和种着柏树的小山丘。走在前面的是一对老年夫妇，他们一边聊天一边走在铺着鹅卵石的植草沟上，丈夫时不时停下来等一下自己的妻子，两个人说说笑笑向前走去。

二月初，天气渐渐回暖，鸟儿开始叽叽喳喳活跃起来，风吹在人身上让人感觉懒洋洋的。中午最热的时候，人们脱掉沉重的大棉袄，轻装上阵，公园的广场上一片欢声笑语。

如意园位于市北中心，周边居住小区较多，园区北边是市里最好的私立高中，西边是最好的医院，南边是最大的商业综合体，整片区域人口密度较大。

整片场地以绿地为主，东西两边和中间部分各有一个活动广场，东部广场是人群主要活动场地。全园核心区域为堆土假山，其余部分以不同功能的绿地为主。流水环绕整个园区，中部是三个大小不一的开敞水池，夏季及初秋时，这里便成为人群主要的活动区域。

【太极】

假山前健身广场的边缘，一群老者在河边打太极，他们的服装没有很统一，但是统一跟随着广场上的音乐节拍舒展着身体。领头的老者动作规范，刚柔并济，而后面跟随着学习的老者则不够熟练，显得有些手忙脚乱。

【晒太阳】

东边的蔷薇园里摆放着一个座椅，冬天的蔷薇枝干已经被修理清除，随着视线望过去十分开阔。一位穿着深红色棉袄的女性长者戴着口罩坐在长椅上晒太阳，她面前是低矮的箬竹，阳光没有受到背后大树的遮挡。不一会，这位女士便眯上了眼睛，在暖阳下沉沉睡去。

【爬山】

核心区域是全园最大的假山，正对着中轴线的是一条台阶上山路。一位穿着白色运动鞋、戴着黑色皮帽子的老者，挂着一根木质的拐杖，借着拐杖的力量踱步爬山，边走边停下来望一望远处的风景休息一下，最后爬到山顶之后挂着拐杖向下俯瞰。

【社区活动】

东边的灌木丛里，几位女性老者在清理杂草。她们人手一把工具，每个人分工明确，有的负责铲草，有的负责梳理杂草并将杂草归拢到一起，有的负责将归拢好的杂草运输到别的地方，各司其职。每个人都被热火朝天的氛围感染，充满了干劲。

【舞扇子】

中部最大的水池旁边有两个相交的圆形广场。广场上一位男性长者身着一套黑衣，左手拿一把绿色的扇子，右手拿一把红色的扇子，一边扭着秧歌，一边用两只手配合扇子挥舞，扇子上下翻飞，老者步伐轻盈，身姿灵活，看得人眼花缭乱。

【器械运动】

在公园的西边，一座木质小桥矗立在人造溪流的上方。小桥上站着一位穿着黑色羽绒服的女性长者，头发花白，戴着口罩。她把桥的栏杆当成了健身器械，一会把腿搭到栏杆上拉伸腿，一会扶着栏杆伸展腰，一会两只手举过头顶活动肩颈，边运动边看着蜿蜒的小溪，欣赏景色。

风景优美的如意园，
健身设施完善，
跑步、散步、打太极，
是大多数老年人的活动。

但是，
硕大的园区，
稀疏散布的几处长廊，
线性布置的座椅，
少量的社交空间，
使得老年人无法聚集交谈。

如何提供安全、舒适的交流沟通场所？
或许，
几株植物围合的向心性空间，
一处被小空间簇拥的大空间，
多地配置设施的聚集空间，
就能促进与满足老年人的社交活动。

2.2 滨水公园——水岸旁的悠然时光

滨水公园被称为"城市绿肺",游人可以在这里观赏、休闲、游憩、亲水并以戏水为乐。在学术上,滨水公园是临近较大型水域所建设的城市公共休闲绿地,它是城市公共绿地的一部分,由水域、水际线、陆域构成[25]。滨水公园的建造能够保障城市格局的科学、合理与健康。滨水公园根据所依附水体环境的不同,可分为滨湖型、滨江型、滨河型和城市湿地型四类。

滨水公园除具有城市公园绿地的一般特点之外,还能够为城市带来优良的生态效益,为居民提供生态示范的户外课堂,让人们从城市的钢筋水泥中脱离出来,感受水的柔和与韵律。它所依托的生态环境对城市规划布局、创造怡人生活环境具有重要的作用。滨水公园的功能可以分为以下四点。

第一,构成滨水景观。水是重要的景观要素,能带来独特的景观体验。滨水公园临近水体建造,作为滨水线性环境中的节点空间,对改善滨水环境、塑造滨水景观尤为重要,能够展示城市的文化内涵和品味。

第二,改善生态环境。水体能够调控滨水沿岸的温度、湿度和气流,形成宜人的气候环境。滨水公园能够缓解目前城市普遍存在的热岛效应问题,在保护滨水自然本底环境、维护滨水生境、延续滨水沿岸生物廊道方面发挥作用。

第三,提供活动场所。滨水公园能为居民提供其他类型公园没有的独特景观,它借助临水的区位优势带来宜人气候和独特景观,将望水、临水、亲水的不同景观体验与不同的活动结合,也正是这些丰富的滨水活动体验,吸引了大量的居民到此活动。

第四,文化科普教育。城市滨水景观往往与城市历史文化脉络相联系,滨水公园的营建能够延续城市文脉,保护相关文化遗产,保留一个城市、一块土地的场所记忆。同时,滨水公园所具有的丰富的生物多样性,方便开展科普展示和教育活动,让人们感受自然的力量。

滨水公园的活动,一般根据游人与水岸的不同距离展开,人们只要向前走两步,就会马上得到不同的体验,滨水公园的活动内容与设施大体可以分为以下三种。

第一，观赏类活动。亲水区域的景观小品一般以景观平台和栈道为主，为人们提供亲水体验；临水区域的景观以集散休憩广场为主，为人们提供多样化的社交活动平台；远离水体的区域常提供可眺望远景的构筑物，保证人们在此能够有良好的观赏水体环境的距离和角度。

第二，游戏类活动。在亲水区域，可为游人提供亲水台阶、沙滩等娱乐场所；在远离水体的区域，可设置水池、旱喷等，不仅与公园的滨水性质相呼应，也可以通过人与环境互动式的景观体验吸引人们前来游玩。在保证安全的前提下，在浅水区域设置的沙滩戏水区，成为孩子们喜欢的游戏类活动的乐园。

第三，运动类活动。滨水沿岸宜设置合理、便捷的步行系统，方便人们徒步或骑行。垂钓、游船等活动也能让游人在运动锻炼中为公园带来一定的经济效益。

滨水公园选用湖北省武汉市晒湖公园、江滩大禹文化园和湖北省宜昌市运河公园等案例。观察发现，滨水公园中老年人数量较多，相关活动比其他公园更丰富，而且结合滨水公园的特点，更加偏向垂钓、乐器演奏等精神陶冶类的活动。

滨水边的漫步

春季，下午
晴
武汉市，武昌区
晒湖公园

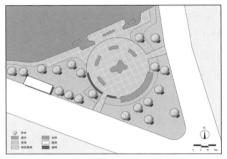

【散步】

在湖边的木平台上，有位头发花白的男性老人家在悠闲地散步，他时不时眺望一下水边的风景，偶尔也会看看在水边玩耍的小孩，仿佛想到了自己小时候欢快的时光。

【垂钓】

在北侧的一条廊道上，有一位戴着黑色帽子的男性中老年人，举着鱼竿静静地等着鱼儿上钩，在钓鱼时身体不能随便移动，但是可以欣赏周围的风景，又能沉浸在钓鱼的乐趣之中。站在他旁边的另外一位老人家一边欣赏风景，一边观察钓鱼的情况。

临近傍晚时分，蓝色的天幕上镶嵌着一轮金灿灿的太阳，天空中一缕白云都看不到，像是被阳光晒化了一样。

晒湖位于武汉市武昌区，中间有福安街横穿而过。晒湖东侧有武汉科技大学附属天佑医院，规模较大，其他方向有多个小区和公共服务设施，过往车辆较多，来往较为方便。

绿地面积不算太大，在东侧和南侧分别有两个主入口，中间的圆形广场有多个灌木绿化带和绿化廊架，在滨水地区有亲水平台，平台周围有绿化和阶梯，供人休憩娱乐。住在周围小区的居民，以及在医院里的病人和家属一般会在这里散步、观景或者带小孩，人流量较大，比较热闹。

【带小孩】

在广场南入口的不远处，有一位男性老人家一边看着周围的风景，一边推着比较简易的儿童车散步。这种车和婴儿车不一样，只有一个靠背的座位，坐在车里的孩子应该是他的孙女或者外孙。

在广场中央的一处树池座椅附近，站着一位女性长者。她旁边有一辆婴儿车，孩子坐在车里仰视着老人，还戴着小型的儿童口罩，可以看出老人对孩子非常谨慎，保护措施做得比较好。这位女性长者则看着手机，放松自己。

在广场的花坛一侧，一位穿着红色衣服的女性老人家带着自家小孩。小孩在台阶上似乎不愿意走动，双腿跪在地上，双手抱着老人家的腿，似乎在撒娇。这位老人家非常有耐心，没有因为孩子的行为而生气，反而牵着孩子的手，不让她趴在地上，对孩子爱护有加。

晒湖是一个形状较为规则的湖，
临近湖边，
有一处规模较小的滨水公园。
公园里有两种类别的空间：
一种是圆形的广场空间，
广场里各种设施较为完备，
休憩的凳子，
无障碍的坡道，
富有层次的绿化，
令人们舒适且享受；
另一种是滨水的空间，
在夕阳的映照之下，
一道残阳铺水中，
半湖瑟瑟半湖红，
别样美！

广场空间中，
大部分老人带着小孩，
远眺水景，
或散步，或嬉戏。
广场空间足够大，
绿植多，
孩子愿意来这里嬉戏，
老年人乐意随之相伴；
散步锻炼，垂钓休闲，
是此处老年人另外的两种活动。

江滩上的神采飞扬

秋季，早上
晴
武汉市，汉阳区
江滩大禹文化园

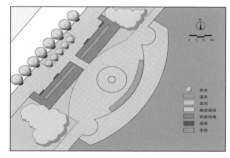

武汉秋日的阳光格外绚烂，洒在江面上，泛着点点星光，沿着江岸，蔓延到远处。

汉阳江滩位于汉阳区与长江的交界处，是一处狭长的地带，全长约3千米，拥有优美的江岸风光带。大禹文化园位于武汉长江大桥汉阳桥头附近，是汉阳江滩的重要组成部分，桥墩的地面部分是古时大禹矶的所在地，大禹文化园由此得名。

园内绿树环绕，环境清幽。有多处以雕塑为主景的小空间，造型感很强，吸引游客驻足欣赏和拍照，但休息停留空间较少，且以树池座椅为主。这里既是附近老者的散步休闲区域，也是较远处老者赏景打卡的圣地。

【摄影】

清晨，这里的游客并不多，穿着鲜艳的女同志格外抢眼。她们穿戴整齐，各个活力十足。岸边排列整齐的神兽雕塑有很强的仪式感，其后浩浩汤汤的江面，更为其增添了巍峨肃穆之感。

女同志聚集在雕塑旁，先是认真地商量着应该怎么调整拍照姿势，然后轮流上前去拍照，兴致盎然，努力认真打卡"到此一游"，她们各个笑靥如花。拍完的女同志看到手机内的照片心满意足，还时不时给旁边的好友传阅，最后一起传看照片的环节，就是大家互相夸赞的时候，远处传来的阵阵欢笑，显示着这里亲热和睦的气氛。

【乐器演奏】

顺着花坛边缘走到花坛侧面，看到了老年人三三两两，或坐或站，聚集在演奏乐器的老年人附近。层层叠叠的绿树为他们遮蔽了刺眼的阳光，没有阳光的打扰，幽静的环境似乎更能激发老年人对音乐的热爱。

【观景】

一位男同志站在江堤的绿道上，抱手而立，神情严肃地眺望远方，仿佛在思索什么。另一位男同志坐在一处靠近小卖部的花坛边缘，平静地望着江边，可能在释放城市生活的压力。

【散步】

阳光洒在身上，让人倍感舒适，沿着江边，好姐妹们相互陪伴着散步聊天，伞下弥漫着欢声笑语，好不热闹。一位女同志带着宠物，沿着墙边散步，她的脸上满是笑意，不知是因为这美好的天气，还是因为有宠物陪伴的快乐。

【器械运动】

在一处树阵广场的边缘，摆放着一些健身器材，器材下方是地面绿化，有的是硬质广场。长者化身为运动"健将"，灵活熟练地运用着各种健身器材，有一瞬间，他们仿佛忘记了自己的年纪。

【棋牌活动】

一群男同志聚集在广场边的石桌旁，周围有不少围观的人。这些围观的群众将打牌的人围在中间，所有人的视线都在纸牌上，就像在看表演一样，氛围非常和睦融洽。打牌的男同志们神态各不相同，有的笑容满面，有的俯首思考，还有的高声说话，大家无一不沉浸在打牌的欢乐之中。

【聊天】

园内另一侧的长座椅，几乎全被休息的男同志占满，他们的坐姿基本上保持着一致，跷着二郎腿，头扭向一旁正在站着交谈的人群。人群中有位手背在身后的男同志在认真发言，剩下的人则专心地听着。

秋日的江滩，
多了分慵懒、惬意，
放眼对岸，
高楼勾勒出优美的天际线，
横跨的大桥巍然屹立。
视线收回，
江水缓缓流淌，
浪花轻轻拍着江岸。

驻足江边，
周围是看不尽的风景，
身后层层抬高的防洪堤，
或结合集散纪念广场，
或平展为沿江大道，
或成为历史建筑的外墙，
或装饰以摩崖石刻，
为老者的活动带来安全感的同时，
也传递着浓厚的历史文化韵味。

游赏成了老者的主要活动，
但进退有致的江滩空间，
也带来了更多活动的可能。
这里，老者找到自己的兴趣点，
穿着鲜艳热衷拍照的女同志，
对着棋盘兴致盎然的男同志，
时而出现的悠然踱步的夫妻，
为江滩注入源源不断的活力。

江汉朝宗是不可多得的自然风景，
也承载着城市发展和江岸变迁的历史，
变化丰富的滨江空间，
观赏活动仍为主体，
怎样加强滨江空间与历史文化的联系？
如何实现老者对景观的参与，
激发他们更多的情感共鸣？
这些是值得深思的问题！

春光照碧波，清风拂人心

春季，下午
晴
宜昌市，西陵区
滨江公园

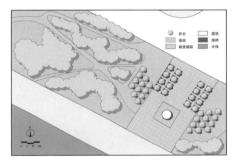

【垂钓】

江边聚集了许多前来垂钓的男同志，他们都穿着黑色的深筒胶鞋，戴着帽子，坐在自己随身携带的小板凳上。每人手里都拿着一副钓鱼竿，脚旁则摆放着一个小桶。他们神情专注地望着水面，一有动静便赶紧提起鱼竿。还有一些男同志索性站立在浅水区，以便增大鱼上钩的概率。在天气舒适的下午，他们一坐便是好久。

有一位男同志发现水面有动静，就铆足了劲儿拉鱼竿。待到鱼儿露出水面，他便咧嘴露出自豪的笑容，旁边的人也纷纷投去羡慕的目光，一天结束，男子带着丰硕的成果和丰收的喜悦心满意足地离开了江边。

春回大地，气温开始回升，午后的阳光开始变得热烈、暖和。人们脱下厚实的棉袄，换上薄外套。走在江边，阵阵江风吹过，空气清新，让人心旷神怡。偶有船舶驶过，激起层层碧波，传来一阵阵浪花拍打船体的声音。江滩上的人群越聚越多，午后一家人一起出来活动，十分热闹。

滨江公园横卧长江江畔，是一座依街傍水的开放式公园。狭长的公园绿地介于江岸和滨江大道之间，延绵铺展了 11.3 千米。地段位于沿江大道与胜利四路交叉口处，沿江大道街边多为商业服务建筑，向里延伸则形成多处居住片区。

公园与道路之间用绿化隔离带划分开来，公园内部有硬质小广场和休憩座椅。从公园下两段阶梯便可来到江滩边，这里保留了自然粗犷的模样，只有一条简易的水泥路。

【放风筝】

江边的天空飞舞着许多风筝，大多是家长带着孩子来玩耍。江滩上孩子们欢乐的叫喊声此起彼伏，大人也都笑逐颜开。有一位身着红衣的女同志带着她的两个孙女，就地坐在路旁的乱石上。她的小孙女手里紧握着风筝线，开心地看着风筝越飞越高。女同志一边和旁边的大孙女聊天，一边看看小孙女的风筝，偶尔教给小孙女一些放风筝的方法。她的脸上始终带着幸福的笑容。

走到堤岸第一段阶梯的休憩平台处，有一对老夫妻正在给一只崭新的风筝上线，旁边还带着他们的宠物狗。男同志坐在自带的小板凳上，手里拿着线轴。女同志为了方便把住风筝，干脆就地坐在水泥地面上。男同志低头看着女同志绑线，两人兴致勃勃地交谈着。

【书法】

从江滩上到滨江公园，往北走一段距离，在小广场的旁边，有一位老人在空旷的地面上蘸水写毛笔字。他衣着整齐，戴着黑色帽子。一只手握成拳头，一只手握着近一米的毛笔，低着头认真地练字。每一块铺地的方砖在此刻都成为他眼中的字格。他的字遒劲有力，每写完一个字他都舒展一下眉头，再轻轻地后退一步，柔和的动作透露着认真和严肃。

放风筝有跑有停、有进有退，
有助于老年人强身健体、舒缓身心。
远眺天空，
有助于缓解眼部疲劳。
人群密集的江滩，
给老年群体营造了社交机会。

开阔的江滩，
为放风筝的群体提供了充裕的活动空间，
习习江风，
让风筝展翅高飞。
不同于江滩，
堤岸上的滨江公园较为封闭，
为喜好安静的老年群体提供了休憩场地。

小气候环境和空间开阔程度发生变化，
随之改变的，
还有老年群体的活动类型和活动密度。
老年群体的生活丰富多彩，
需要为他们创造具有多种功能的空间场所，
营造氛围独特的户外环境。

滨江的闲情逸致

冬季，下午
晴
宜昌市，猇亭区
沿江一带

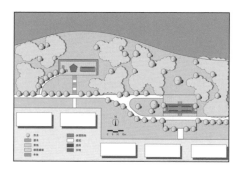

冬季的阳光不再灼热刺眼，转而变得温和起来，难得的大晴天把久居室内的人们都吸引出来。

沿江一带视野开阔，阳光照在江面上，粼粼的波光分外耀眼。微微的江风柔和地吹着，偶尔夹带一阵远处传来的汽笛声，悠扬而有力，似乎在诉说着沿江老街区的过往。

这里有一个久经沧桑的渡口，还有一条百年明清老街——织布街。渡口以北形成历史文化街区与江岸走廊，渡口以南设有休憩和游乐设施，并建有景观建筑。沿江一带的居民区都完整保留下来了，少数几处则改造成了艺术工作室和民宿。

【观景】

从毗邻居民区的景观亭下几步台阶便来到一个视野开阔的木质平台。平台外缘几棵高大的落叶树变得光秃秃的，枝干上的鸟窝显得格外突出。一位男同志坐在轮椅上，遥望远方的江面。他的身边有两个小女孩在嬉戏玩闹，他便退到平台边缘，为她们腾出开阔的空间。

到达另一处离江面更近的观景亭，需要从居民区下一段长长的水泥台阶，一位戴着红色帽子的男同志靠着角落的柱子，跷着腿坐在面江一侧的座椅上。他的面前摆放着一辆破旧的自行车，视线穿过面前光秃秃的枝干，一直望向江对面的风景。

【散步】

在渡口以北靠近历史文化街区的一侧，有三位老年人在江边散步。穿着黑色棉袄戴帽子的男同志背着手走在最前面，一位身着红衣的女同志背着手悠闲地踱步，走走停停。还有一位男同志，一只手插在口袋里，他停下步伐，同正在住宅前庭晒太阳的邻居打招呼。

【聊天】

在江岸与居民区之间的走廊处，靠近木质围栏，有一位女同志坐在从自家搬出来的木质座椅上，她身边有两个空置的石质座椅。她的双手放在膝盖上，与正前方将三轮车里面的木柴摆放整齐的男同志聊着天。

后面又迎面走来一对老夫妻，他们双手都插在口袋里，缓慢地散步。看到正在摆放木柴的男同志，他们便上前夸赞。摆柴的男同志开心地咧嘴笑，又打趣地自嘲了一句，另外三人跟着笑了起来。

不一会儿，他们之间的话题又回到了家长里短，他们停在栏杆处聊了好久的天，而后才各自散去。

驻足在江岸，漫步于江边，
自然的气息扑面而来，
阳光、微风与江面，
为久居室内的老年人，
带来愉悦的感受。

柱子、树木、门廊和建筑小品的周围，
是老年人偏爱逗留的地方，
这些依靠物具有对老年人的引力半径，
形成了良好的视野，
是不受来往人流干扰的庇护空间。

亭廊下、栏杆边，
面向江面风光的位置更受老年人的青睐。
在严寒的冬季，
木质座椅的使用率，
要远高于石质座凳，
朝向和材质是户外座椅的重要品质。

公共空间规划设计，
关注细节，
融入对年弱长者的关怀，
才能创造适合老年人的活动场所。

生态绿心，陶冶身心

春季，下午
晴
宜昌市，西陵区
运河公园

【乐器演奏】

在靠近水边的矩形木质平台上，有两位男同志占据了木质平台的近水一角。一位戴着黑色帽子的男同志坐在自己携带的折叠板凳上，双脚略分开呈外八字，双手拿着葫芦丝对着面前摆好的乐谱认真吹奏起来，悠扬的曲子吸引了一些人前来驻足停留。

吹葫芦丝的男同志前面，演唱者的话筒已经架好，凳子也摆放就位。演唱的男同志此刻正佝偻着身子摆放音响等设备，为二人的音乐"盛会"做准备工作。旁边坐了一位阿姨，专心致志地听着演奏，沉浸在这曼妙的音乐之中，时光仿佛停在了这美好的一刻。

初春的午后，气温大幅升高。人们都换上了薄外套，有的只穿了一件单薄的衬衫。公园里，阳光开始变得热烈，茂密的树丛提供了充足的荫蔽，使温度变得舒适。

运河公园地处宜昌"城东生态新区"，公园北侧为宜昌运河，南接城市道路，东临城市主干道，西临高架铁路桥。公园四周被多个住区包围，成为新城的"生态海绵"。

公园位于丘陵地貌的低洼地，整个公园围绕运河呈现出不规则的狭长形。公园以生态为主旨，将原有的多个废弃鱼塘改造为湿地，具有休憩、湿地保护和科普教育等功能。运河公园隔绝了城市的噪声，鸟鸣声在林间此起彼伏，汇成一曲悦耳动听的交响乐。

【棋牌活动】

公园南侧出入口附近，在青砖铺地的矩形树阵广场上，树池边简易地安放了几张树桩模样的小桌，周围还摆放着几个石凳。高大的乔木为人们提供了阴凉儿。

四位男同志和两位女同志围坐在石桌边，他们身边站着五六位专注观望的中年人。此时一场牌局正接近尾声。一位戴咖色帽子的男同志开心地笑着摆出了自己手中的最后几张牌，另外一位戴黑色帽子的男同志仍不情愿地数着自己手中剩下的一叠牌，显然胜负已分。

一场新牌局开始后，他们又都开始聚精会神地观看其他人打牌。还时不时指导别人几句，一会儿为输的人遗憾，一会儿又替赢的人开心。他们的心绪被牵扯到牌局之中，看完一场，像是自己玩了一把一样酣畅淋漓。

【骑行】

在靠近水面的路上，一位红衣服的老者骑车穿行而过，明明白发苍苍，骑起自行车来却英姿飒爽。对岸的植物成荫，老者的衣服与红枫交相呼应，仿佛为秋日增添了更多色彩。灿烂的太阳落下，远处的白云飘荡，老者的车渐行渐远，耳边仿佛还回响着自行车丁零零的清脆声音。

打牌、演奏，
不仅能充实老年生活，
更能促进与他人之间的沟通和连接。
这种社会联结越是紧密和广泛，
越能让老者获得更多安全感和幸福感。

老年人喜爱公园里的自然景观，
水池边、树荫下，
都能让久居室内的老者接触自然，
获得身心的舒适和愉悦，
提升他们的身心健康水平。

尺度较大的广场，
适合开展老年群体间的棋牌娱乐活动，
还能吸引不少观众驻足。
尺度相对较小的水边木质平台，
为演奏者提供了清静舒适的场地。
也不会因聚集过多人造成喧嚣，
从而影响演奏效果。

舒适的物理环境，
宜人的空间尺度，
提高了老年群体社交活动的质量。

滨河游园中的惬意生活

冬季，下午
晴
南阳市，宛城区
梅城公园

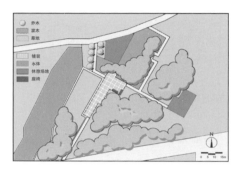

下午四点左右，天空晴朗无云，阳光还有些刺眼，天气十分暖和。

梅城公园是位于城市主干道交叉区域的历史文化园，占地约 10 hm^2，北侧有大量高层住区，南侧是白河及滨河绿道，紧邻跨河的仲景大桥。

公园接近长梯形，以城市道路为四周边界。由道路串联起来的大小广场，镶嵌在树阵和密林中，大部分被植被所覆盖。长者在广场上开展着各式各样的活动。

【模特表演】

大型的出入口广场被三层台阶分割成两部分。台阶上更像一个小型的表演舞台，背靠一块雕刻有历史故事的灰色景观墙。台阶下是大面积的广场，穿着鲜艳精致的老年模特队在此排练表演。她们双手掐腰在墙前站成一排，台下有一位穿着红裙子的女性长者观看并指导。

【羽毛球】

台阶下的广场上，有许多来往通行和短暂停留的长者，有的在这里活动锻炼。两位穿着轻便的男性长者，快速地挥动着羽毛球拍。

【乐器演奏】

广场后方的次园路也十分热闹，道路两侧扩展的小型活动空间里，男性长者用萨克斯吹奏着略带戏剧性的流行音乐，欢快立体的音乐环绕在小路周围。

其中一位长者独自站在乐谱前，右手托着乐器底部，左手控制着发音，投入地练习着。还有两位长者站在长座椅前，默契地合作着，时不时跟着节奏晃动两步。

【遛狗】

与热闹的次园路相隔一片梅林的另一条主园路上，更多的是散步和短暂歇息的长者，整体呈现出安静平和的气氛。一位戴着红围巾、穿着较为讲究的女性长者，不急不慢地在前边走着，后边跟着一串穿着花花绿绿的小狗，虽然没有牵绳，但它们依旧乖乖地跟在后边。

梅花还未开放，
梅城公园内早已绿意盎然。
弯弯曲曲的主、次园路上，
镶嵌着大大小小的广场，
各式各样的活动在广场和园路上展开。

阳光充足的大型广场，
吸引着来来往往的长者，
迎面围合的雕刻墙，
为活动带来满满的场所感。

广场上运动的长者，
焕发着热情和活力，
台阶高差带来了空间划分，
其上的老年模特队摆着时尚的动作，
下边运动的长者卖力地挥动着球拍。

结合场地和设施的主、次园路，
承载着长者迸发的艺术灵感，
丰富完善的绿化环境，
为活动带来充足的舒适感。

园路上的长者，
沉浸在难得的舒适愉悦中。
较宽阔的主园路上，
散发着安静平和的气息，
长者怡然地散散步、遛遛狗，
或懒懒地在座椅上晒着太阳。
弯弯曲曲的次园路上，
保有着戏剧性的热闹，
长者即兴地摆弄着萨克斯，
时不时踏出欢快的步伐，
灵活的音符也在空气中跳动。

公园午后的惬意时光

秋季，下午
晴
武汉市，江汉区
后襄河公园

【跳舞】

广场的中央聚集了许多舞者，有身着黑色上衣、绛红长裤的女同志，有身着白色上衣、黑色西裤的男同志，他们翩翩起舞，怡然自乐。坐在一旁石凳上的观众，静静地注视着他们，享受着这悠闲自在的午后时光。

【棋牌活动】

远望，几位长者正围坐聊天。稍稍走向前，想听听他们在聊些什么。原来旁边一盘激烈的棋局刚落下帷幕，他们正评说方才的几个策略把式，从各个方向前来的他们下棋聊天，不亦乐乎。

午后的阳光格外耀眼，从一层又一层的枝叶间透射下来，地上印满着大大小小的耀眼光斑。

后襄河公园是武汉市一处具有滨湖特色的公园，靠近市博物馆和交通枢纽要地——汉口火车站，交通较为便利，附近的居民经常来这里游玩。

在湖畔的不远处，有一块铺设着简洁花纹的大理石小广场。广场里绿植较为丰富，一侧的边界设计了可供人们闲坐聊天的花坛，形成一个绝佳的小观赏台。广场的另一侧作为通行场所，给长者提供树荫，让他们可以坐着聊天、跳舞、唱歌等，气氛非常活跃。

两处场所，
银龄长者偏爱有树荫、贴近自然的环境，
不爱灼热的太阳，
与刺眼的光芒。

桃李不言，下自成蹊，
场所营造虽有不同，
但长者用活动轨迹，
指出了空间与活动的联系。

舞蹈，
需要开阔的广场，
需要驻足的观众，
停留的路人，
共舞的队友，
开启一场盛会。

下棋，
需要安静、私密的角落，
需要志同道合的棋友，
沉着的思考，
隐忍的呐喊，
指点一场战役。

静，则灵活头脑，
动，则灵活肢体。
二者缺一，
银龄生活便少了两分乐趣。
二者结合，
长者更爱走出家门，
享受社交，享受自然。

2.3 风景名胜公园——自然风景中的长者身影

风景名胜公园，与我们所熟悉的风景名胜区有所区别，它们往往依托风景名胜点或具有历史价值的古迹，为城市居民提供游览与休憩场所，也成为城市居民短途旅游的目的地。

风景名胜公园也是城市绿地系统的重要组成部分，对城市的生态文化建设发挥着积极作用。风景名胜公园的功能可以分为以下三点。

第一，环境保护。保护生态环境是所有公园绿地最基本的作用，优美的自然风景地是风景名胜公园的依托，因此，风景名胜公园在维护城市自然生态环境中起到重要作用。

第二，延续文化。文化资源是城市风景名胜公园的重要景观资源之一，是风景名胜公园区别于其他一般性公园绿地的核心特征。作为文化资源的载体，风景名胜公园通过简单的元素，讲述着文化的故事，延续着城市的文脉。

第三，游憩旅游。拥有城市中近自然的优美环境，风景名胜公园能够吸引广大市民到此游玩，引导市民从快节奏的生活中走出来，舒缓身心压力，重振精神力量，增强文化自信，激发内心深处热爱自然和祖国的情感。

作为城市公园的一种，风景名胜公园具有城市公园的活动类型，又鉴于它本身独特的文化景观资源，相关文化类活动便成了它的特色。风景名胜公园的活动内容与设施大体可以分为以下三种。

第一，休憩游乐。风景名胜公园常常根据游人的不同年龄和喜好，设置不同性质的观赏、休息活动场所。游人可以在散步和静坐中观赏特色山水风景、名胜古迹、花草树木，享受大自然带来的美好与安详。有些风景名胜公园也会营造吸引儿童的游乐设施。

第二，文化体验。风景名胜公园依托各类设计要素，通过布置雕塑、景墙，以及文化遗迹的展示，实现文化特质与社交活动的结合，寄托精神，寓情于景。

第三，研学教育。风景名胜公园蕴含浓厚的文化资源，十分有利于开展各类研学活动，从而寓教于游，增强市民的文化认同与自信。

风景名胜公园选用江西省上饶市芝山公园、湖北省武汉市东湖磨山景区两个案例。观察发现，芝山公园的可达性较好，老年人活动主要集中在公园的宽敞广场区域；磨山景区面积较大、风景优美、生态资源丰富，是优良的游憩圣地，也是老年人群喜欢的活动场所。

家庭的天伦与自我的放空

春季，下午
多云
上饶市，鄱阳县
芝山公园

一个多云的好日子，温度和湿度都较为适宜，非常适合人们结伴出行游玩。

芝山公园附近人车流量比较大，靠近城镇的主要道路，有三路公交车可以直达，周围有超市与饭店，交通较为便利。

公园内部规模比较大，包含小区、学校、广场与山体等。研究的地点是人流量较多的广场，广场设施有座凳、喷泉等，绿化也比较多，有专门的人管理。住在公园周围的人们都会来这里游玩，一般都是带小孩、散步、聊天，人与人之间的交流在这里变得更加频繁。

【带小孩】

在广场中间的位置，一个小孩子由母亲牵着手在广场上散步，小孩的背后则是一位穿着黑色衣服、白发苍苍的老年人。他把头稍稍地低下一点儿，两只手插在口袋里，往小孩的方向走去，似乎打算和小孩玩耍，他的脸上洋溢着幸福的笑容。

在临近广场的绿地附近，一位老年人带着两个小女孩在这儿玩耍，旁边的一棵枯树上挂着两个书包，应该是两个小孩的。老人家戴着口罩，两只手分别牵着两个小孩，担心她们摔倒。

【聊天】

广场中间的石凳处，分别有四位老人家坐在上面，他们都穿着颜色相近的衣服，应该是结伴一起出来，走到广场休息一下的。他们时不时交流几句，谈论着生活的日常，言语中没有一丝争论，场面十分和谐。

【闲坐】

广场中心石凳的另一侧，一位穿着花色衣服的女性老人家独自坐在这里。在这里休息是一个不错的选择，这儿没有争吵与车辆的鸣笛，只有人与人之间交往和谐的气氛。她边休息边看着前方，欣赏着四周的景色，非常悠闲。

【停驻】

在广场一侧比较狭隘的空间，一位老人家骑着橙色的电动车来到这里。他做好了防寒措施，戴着帽子与手套。他打量了一下四周，把车子停在很少有人经过的地方，这样既不会妨碍过路的行人，也有足够的视野观察自己的电动车。

芝山公园，
绿化构成了一幅美景，
可以听到鸟儿的歌声，
闻到花朵的清香，
感受清风的吹拂，
如诗如画，
令人沉醉其中，
心旷神怡。

除了绿植美景，
公园还有空间足够的广场，
为老年人提供了活动的场地，
配备的一些座椅，
利于老年人休憩，
社交也变得更加方便，
在这里，
休息、聊天是一种享受。

广场促进了老年群体的接触联系，
保持这些联系，
广场的设施尤为重要，
缺少了休憩的座凳，
老年群体的数量会相应减少，
广场周围的绿化，
不仅可以净化空气，
还可以成为被观赏的对象，
让长者在散步的同时，
感受到大自然的美好。

共融共享的活力景区

夏季，下午
晴
武汉市，洪山区
东湖磨山景区

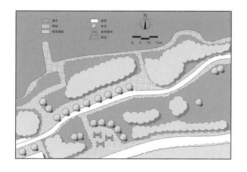

下午三点左右，阳光有些刺眼，气温很高。景区内的绿意给人带来视觉和心理的清凉。

磨山景区是东湖风景名胜区核心景区之一，居东湖中心，三面环水，有东、北、南三个出入口，其中南门紧邻城市干道鲁磨路，路旁有商铺和停车场，对面有一个磨山小区，人流量相对较大。

南入口依托着气势宏伟的山门，与园内一条宽阔的主园路相连，两者构成一段从出入口指向丛林的轴线。游客以年轻人为主，偶尔有一些长者在此活动，既有在附近居住独自来此锻炼的长者，也有专门前来拍照打卡的长者群体，与景区的静谧氛围融为一体。

【跑步】

靠近磨山索道的杜鹃园，植物茂密丰富，为燥热的下午带来一丝清凉。偶然发现一位长者，穿着黄色上衣和宽松长裤，正沿着路缘石小跑，左手拿着脱下的外套，速度不快，但每一步都轻快自如，应是时常锻炼的人了。

园内硬质场地较少，主要为宽敞的游步道和绿化空间。头顶是密不透风的树冠，两侧是郁郁葱葱的灌木丛。步道大约宽6 m，且坡度变化较大，时上时下的道路更增添了丛林探索的乐趣。

【跳舞】

一对舞者身着轻便、鲜艳的服饰，在湖边广场上翩翩起舞。他们的背后是碧绿的湖水、秀美的乔木，面前有一片开阔的草阶。另外四位女同志和一位男同志坐在草阶边缘，专注地看着中间的两位舞者。还有一位身着黑色衣衫的男同志蹲在侧面，拿着专业的设备，为中间两位舞者记录下美好的瞬间。

【摄影】

主园路临水的部分扩展出木平台，后方的湖面、小岛、树林和石桥共同构成别致的水乡图景。浓绿的杉林勾勒出天际线，同时为平台空间带来一定的围合感，为拍照活动提供了绝佳的背景。

平台上栏杆旁，一家三口温馨地站成一排，中间的女性长者穿着红色旗袍，双手交叉放在腹前，面色红润，神采飞扬，左右两侧的儿女则做搀扶动作，一家人面对镜头露出和谐一致的表情。

另一处盆景园内的疏林小草坡上，三棵不高的龙爪槐错落分布着，与地面的假山石组合在一起，树旁站着四位女性长者，她们穿着舞台剧似的服装，头戴彩色的大檐帽，手上拿着鲜艳的花束，同时喊出一串数字，并且跟随数字一步一个动作，完成了高难度的多连拍。她们在此处停留很久，显然是三五好友相约来此拍艺术照，不时发出阵阵欢声笑语。

磨山景区，
处处皆景。
日常的休闲锻炼，
偶尔的拍照打卡，
是长者在此处的主要活动。

独自锻炼的男性长者，
一般只是匆匆而过。
场地的通达性，
车行便利和游人数量，
周边的景色，
均是他们选择活动场地的因素。
宽敞的林荫大道，
往往是他们的最佳选择。

拍照打卡的长者群体，
一般会停留许久，
他们偏好半开敞的场地，
与植被营造的围合空间，
石桥、湖面和木平台则是锦上添花。

2.4 文化主题公园——康养天地

在学术中，城市文化主题公园属于公园绿地中专类公园的范畴。它与普通公园的区别在于，结合城市地域特点与居民需求，着重融入并表现了当地特色的城市文化，成为对外展示城市形象的名片[27]。

城市文化主题公园的娱乐性质比较明显，文化气息和娱乐氛围结合，成为城市中的活力源头。城市文化主题公园的功能可以分为以下三点。

第一，弘扬历史文化。对城市历史文化的表达是文化主题公园的特色，设计师应着重考虑文化与景观的结合。这种以景观为载体表现文化的方式，能让人沉浸其中，如沐春风，切实感受到文化的魅力。

第二，丰富社会生活。文化潜移默化地影响着人们的生活，文化氛围浓厚的环境能够引人深思，加深人们对当地文化的认同感，重振精神力量，放松身心，舒缓压力。除此之外，文化主题公园还能创造良好的居住环境，改善区域的生态环境，为我们提供适宜的游憩场所，为各项活动特别是文化活动的开展提供平台，丰富居民的闲暇生活。

第三，树立城市形象。设计师在设计文化主题公园时，需要深入理解城市的历史脉络，提炼出当地的特色文化符号，对能够真正体现地域特色文化和能够打动人心的内容予以表达，这种"城市名片"会更加有利于城市的对外宣传。

城市文化主题公园的活动内容大体可以分为以下三种。

第一，休闲娱乐。作为城市公园绿地的组成部分，文化主题公园主要为居民提供休闲娱乐场所，通过足够的硬质空间营造活动场地，结合休憩设施的布置，方便城市居民的社交活动。

第二，观光游览。在文化主题公园的营建中，最重要的当属如何将文化的表达与景观相结合，通过雕塑、景墙、花坛等景观小品，甚至铺装、植物等要素，将自然景观与人文景观相结合，丰富人们的游赏体验。作为公园绿地的一部分，文化主题公园在保护生态环境方面也极为重要，赏心悦目的植物景观同样能够丰富人们的游览体验。

第三，文化体验。文化主题公园在设计中，往往需要对一个城市的历史文化进行全面分析，在保护历史痕迹的基础上，可以通过特色地标实现文化体验，预留一定的活动区域也更加有利于文化活动的举行，成为城市文化输出和展示的窗口，增强当地居民的归属感和文化认同感。

文化主题公园研究选择湖北省武汉市廉政文化公园、江西省上饶市白天鹅公园两处作为案例。两处公园附近人流量较大，老年人群的活动场地主要集中在硬质广场，少数老人选择在安静区域休息。

多元空间里寻找不一样的感受

秋季，下午
晴
武汉市，武昌区
廉政文化公园

天气晴好的下午，微风阵阵吹拂，暖暖的阳光洒向大地。

廉政文化公园是一处开放式的生态公园，位于武汉市武昌区，西邻中共五大会址纪念馆，南靠武昌中华路小学，东、北两侧为居住区。

公园内部的乔木、灌木与草地形成了多层次的景观绿化，中心景观轴区、绿化区和休闲区组合成了引人入胜的场所，周边社区的居民在此收获了丰富多彩的游玩体验。

【聊天】

三三两两的女性长者在小道的转角处停下脚步，看见公园的石凳，便围坐了下来，调整好舒适的坐姿后，观赏周围的绿植，感受大自然的气息，就着满园的绿意，微笑着谈论彼此的生活。

在公园的一处廊亭边，树木的种类非常丰富，各种叶色的树种都有，绿色、黄色、红色等。三五位老人家身穿各种颜色的衣服，整齐地坐在廊亭下的凳子上歇脚，同时谈论着生活中的各种琐事，气氛非常融洽。

【闲坐】

浓浓的树荫掩映着公园的长椅，老人们
隐藏其间，在安静中栖居。

靠近其中的一位老人，询问他的信息。
老人回，"我什么也讲不出的，我只想
一个人静静待会儿"。之后，便是长久
的缄默。
早该想到，乐于在如此隐秘空间中小憩
的老人，也该有着和他所置身的空间同
样内敛的性格和不语的习惯。

分离的元素，
因明确的边界而获得自由，
模糊边界的灰空间，
又把它们联系在一起。
空间，自然过渡，
界面，相互渗透，
契合老人渴求安全和交往的心理，
多元的空间，
更多的可能。

空间一缩一放的节奏变化，
避免了单调和乏味。
不同空间的缩放，
不同尺度的对应，
影响着老人们的距离和亲近度，
产生不同的行为和场景。

材质的情感，
场地的氛围，
塑造着不同的空间性格，
置身其中的老人们，
有着与空间性格相契合的感受。
塑造空间，
就是在照顾老人们的感受。

孩童的欢乐与孤独的背影

冬春之交，下午
晴
上饶市，鄱阳县
白天鹅公园

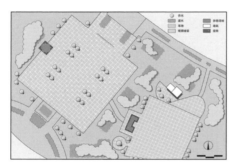

【带小孩】

全园面积最大的广场，位于公园西侧的一角。一位男性长者和一位女性长者背手站在广场中，旁边的一群孩子则在广场上开心地放着风筝，迎接着春天的到来。老人们指导孩子放完风筝后，开始在一旁悠闲地观望，似乎对于他们来说，孩子的喜悦就是他们的喜悦。

位于公园东侧的广场，有一处很久没用过的喷泉景观，成为游人休息的地点，小孩比较喜欢来这里玩耍。一位穿着红色衣服的女性长者弯下腰来和一旁的孩子聊天，孩子的脸上充满了笑意。在后面，一位穿着黑色衣服的男性长者推着婴儿车在公园游览。

立春的下午，风和日丽，逐渐感受到了一丝春天的暖意，离过年不久了，到处是阖家团圆的景象。

白天鹅公园附近多是规模比较大的小区，东边是县人民政府，东西南北处均设置有出入口，其中南边为公园的主入口，来往的人群基本都是住在附近的居民，没有直达的公交，住得远的人到达这里不是很方便。

公园内部主要由两个大广场组成。位于西侧的广场中心有喷泉景观，但近几年喷泉设施没有用过。位于东侧的广场尺度稍微小一点，也有荒废的喷泉景观，除了座凳，其他的服务设施比较少。广场里空间充足，一般是大人带着小孩在游玩，场景非常热闹。

【闲坐】

在公园西侧的大广场上，一位女性长者坐在广场为数不多的树池上，她的左边有两个袋子，袋子里装了一些食物，右边有一个水杯。她应该是路过公园，顺便停下来休息，看看公园的景观，给自己的内心带来一丝安宁。

东侧广场的最北边，有两位穿着红色衣服的老年人，分别坐在树池和轮椅上休息。其中一位老年人坐在树池上，玩着手机。另一位老人坐在轮椅上，年龄比较大，腿脚不便，于是坐在此处休息，看看周围的风景。

【观景】

一位身着红色衣服的女性长者，一直站在广场的一侧，晒着太阳，感受着大晴天里阳光带来的温暖，同时观赏着周围的景物。
时不时会有一些大人带着小孩子放风筝，温馨的场景令人内心感到温暖。

人们固有的印象，
公园是一处设施完善，
景观良好，
供人观赏的欢乐天地，
但场地往往缺少足够的设施。
一些普普通通的景观，
配上面积较大的场地，
也可以方便人们活动，
享受天伦之乐，
而设施的缺失，
只能说是一丝遗憾。

广场的中央，
树池不仅仅是一处景观，
也是人们休憩的地方，
它们的存在方便了老人，
不仅净化了空气，
提供了良好的环境，
也为老人提供了歇脚的地方。

冬日里天气晴朗，
人们乐于出行，
但在炎炎的夏日，
广场过于空旷，
太阳暴晒之下，
广场树木冠幅不足，
遮阴区域缺失，
公园将变成无人问津之地，
合理增设遮阳设施，
是公园适老优化的必要措施。

2.5 游园——城市一隅的银龄乐园

随着城市的不断发展，越来越多的街头游园如雨后春笋般涌现。游园大多规模较小，形态灵活，不拘泥于场地形式，设施也较为简单，以植物种植为主，可供居民休息、散步之用，在小尺度的空间内尽可能讲述更多的故事[28]。

游园面积小，是城市绿地系统中典型的"点"状绿地，为周边居民提供就近的活动空间。虽为"点"状绿地，但它仍然具有强大的功能，能够改善城市环境、弥补城市中公园数量不足的缺陷。游园的功能可以分为以下三点。

第一，休憩与社交。游园大多建设在诸如闹市街角这类人流量较大的地段，为人们就近开展日常活动提供场所，它所具有的开放性、社交性特点较为明显。

第二，艺术与文化。游园面积小、数量多，每个游园都通过特定的景观元素表达不同的主题，艺术与文化气息浓郁，能够丰富人们的精神生活，带来不同的游赏体验。

第三，环境与生态。虽然游园面积较小，以开放性景观布置为主，带来的生态效益并没有十分显著，但这种"点"状绿地是城市绿地系统中的重要组成部分，也是城市微更新的重要方式。

游园作为人们开展户外活动的公共场所，其活动内容应根据不同人群的需求设置，并且塑造人性化空间尤为重要。游园中的活动内容大体可以分为以下两种。

第一，游憩社交。游园是我们路途奔波中歇脚、茶余饭后消遣的地方，因此组织好场地内外交通、创造出不同的社交空间与休憩空间是设计中的首要难题。在相关小品的布置中，除了确保休憩座椅数量合理，还要确保大多景观小品以小巧精美取胜。

第二，体育锻炼。在面积较小的游园中，体育锻炼活动大多是通过健身器材实现的，这也是老年人喜爱的锻炼方式。

游园以四川省都江堰市学府路公园为例。在调研中发现游园的活动人群中，老年人所占数量最多，活动形式以静态活动为主。

午后休闲时光

冬季，下午
晴
都江堰市，学府路公园
街角公园

春节后天气渐暖，阳光明媚，老年人渐渐走出家门，在户外与朋友们见面、聊天、下棋、散步，自得其乐。

学府路公园位于学府路及彩虹大道的十字交叉口处，由于周边分布着居住区、学校和菜市场，早晨和傍晚人流较大，交通也较为繁忙。

学府路公园平面呈扇形，三面被街道围绕，场地绿化覆盖率较高，有一处公共卫生间与零星的休憩座凳。周围分布着三个形态及功能相似的街角公园。

【棋牌活动】

长者围在一起，聚精会神地看一局精彩绝伦的象棋对抗。下棋者坐在凳子上，观棋者站或坐在一旁。
大家秉承着"观棋不语，真君子"的原则，在心中暗暗地帮下棋者谋划。

另一边的棋局也在激烈地进行着，下棋者中还有一位女棋手，真是巾帼不让须眉。这位女棋手气定神闲，打得对手愁眉紧锁，旁边的看客也点头连声说好。

【聊天】

一位男同志坐在自己的三轮车上与面前的女同志聊天，女同志低头摆弄着手上的物件，静静听着男同志说话，周围只有零星的几个人。画面温馨和谐，让人不愿打扰。

【闲坐】

开敞的草坪空间中，一位穿着黑色大衣的男同志独自坐在座凳上，一双眼睛炯炯有神地凝视着远方的风景，仿佛在思考着什么，周围路过的行人也无法打断他的冥想。

在公园的另一边，一位身着黑色衣服、戴着帽子的男同志，同样独自一人坐着，正拿着手机开心地打着电话。与此同时，还有一位男同志正慢悠悠地在汀步上行走着，每一步都像踩在棉花上一样轻快。

街角公园是城市的绿心，
承载着长者的日常活动，
绿心的可达性和丰富度，
影响着长者使用的频率，
也影响着他们的使用方式。

静谧的半私密空间，
长者喜爱私语，
开敞的草坪空间，
长者热衷冥想，
绿树幽花，
香草粉蝶，
长者在环境的感染下，
心境也变得开阔、愉悦。

无论是一个人的静坐，
还是朋友们的相聚娱乐，
都在场地中怦然发生，
成为长者的共同记忆。
活动和记忆相关联，
留存这样的美好，
场所便是必需的载体。

3

居住区公共空间中的银龄生活

与我们日常生活联系最紧密的公共空间当属居住区公共空间。它与住宅内部空间相对,是居民交流活动的场所,是居住区中最具活力的空间。居住区公共空间又可以细分为社区中心绿地、社区宅旁绿地和社区体育空间三种类型。

3.1 社区中心绿地——社区内的多彩生活

社区中心绿地与居住区大环境的规划密切相关,在居住区中处于相对中心的位置,靠近居住区主要道路,是各个年龄段居民的共享空间。它的景观风貌能够反映居住区的质量和水平。社区中心绿地是居住区户外环境系统中最重要的组成部分,其设置与居住区的整体规划特别是居住区的绿地系统密切相关[29]。

随着人们生活水平的提高,社区中心绿地在美化环境、净化空气等方面起着重要作用,关系到居住区环境的好坏,影响着生态效益、社会效益和经济效益的发挥。社区中心绿地的功能可以分为以下四点。

第一,功能复合使用。社区中心绿地作为居住区内良好的休憩场所,设计之初就应密切关注居民身心健康,从而营造不同的活动空间,满足不同年龄人群交流、休闲、娱乐、运动、减压的需求,实现全龄化共享。

第二,树立景观形象。社区中心绿地的景观质量能够反映居住区的建设水平。在景观营造方面,常以植物分隔空间,可种植乡土树种、观赏价值较高的植物,体现地域特征和景观风貌。除此之外,还可以通过特色鲜明的景观小品突出个性,增强居住区的辨识度,激发居民的归属感。

第三,生态环境净化。社区中心绿地中合理的植物配置与足够的绿地面积,能够发挥净化空气、减小噪声、改善小气候等生态功能,为社区居民营造舒缓身心的绿洲。

第四,防灾避难。居住区生命及财产密集,一旦发生火灾、地震等灾害时,社区中心绿地能够为居民提供临时集散场所。

社区中心绿地由于面积大,往往邻近公共建筑和服务设施,成为居住区的公共活动中心,是居民重要的生活组成,社区中心绿地的活动内容大体可以分为以下四种。

第一，休闲娱乐。社区中心绿地如同"住区客厅"，活动场地的设计是重点，应因地制宜布置不同的活动空间和绿地，为居民之间的交流、娱乐、休息提供场地，营造人性化居住区。

第二，运动健身。在健康中国建设的背景下，全民运动已成为当下的潮流。社区中心绿地中的健身器材是居民特别是老年人喜爱的运动设施。

第三，儿童游戏。居住区儿童数量较多，为满足儿童的活动需求，社区中心绿地通常会布置沙坑、滑梯等游戏设施，方便儿童在户外的活动，弥补儿童成长过程中与自然环境接触的不足，使儿童强健体魄、热爱自然。

第四，老年人休憩。在人口老龄化趋势下，社区中心绿地需要为老年人群体提供便利。在设计中需要充分考虑老年人的身体机能和行动特点，实现无障碍设计。例如，多布置休憩设施、引入康养园艺疗法等。

社区中心绿地选用河南省长垣市南蒲陶行社区、湖北省武汉市剑桥春天小区和保利华都小区、山东省泰安市迎春社区等居住区、江西省上饶市新鄱阳中心花园等案例。观察发现，若居住区周边有一定供人活动的绿地，那么老年人更倾向于到此类绿地中活动。社区中心绿地中的人流量相对较少，且夜晚的活动人群比白天多。

春日里的安逸生活

春季，上午
晴
长垣市，南蒲区
陶行社区

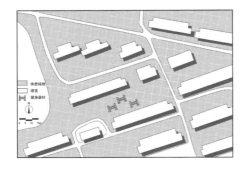

二月下旬，阳光明媚，社区里的老年人都摆脱了冬天的束缚，开始慢慢走出家门，拥抱春光。

陶行社区的房屋属于拆迁安置房，紧挨着山海大道和高速路口，旁边是市政府和法院，居住人口多为附近的村民，但因为地理位置处在市里尚在开发区域的最西边，所以周边商业设施较少，配套不全面。

社区整体占地面积较大，在内部配套了幼儿园、小学、运动场及两条商业街。其中内部商业街是主要商业场地，商铺两边摆满了小吃摊，人来人往，流动性较大。运动场地时常汇集的是带着孩子的老年人。整个社区邻里关系和谐，生活气息浓厚。

【带小孩】

社区中心的运动场，是整个社区最活跃的区域。下午三点钟左右是一天中最暖和的时间段，通常是老年人带小孩在篮球场上活动的高峰期。

一位穿着黑色衣服的短发女性老者，带着两个孩子在场内活动，篮球场是橡胶材质的，所以她不担心孩子磕伤、撞伤，便与其他人轻松地聊着天。

在社区前的一条路上，两位老婆婆正在与三轮车车主攀谈，或许他们本就熟络，在夕阳下形成了"对影成三人"的画面。

大家集体搬往社区，
从前的左邻右舍，
没有被高楼大厦阻断情谊，
老年人有自己相熟的人群，
时不时在街角、路边相聚聊天，
气氛与以往村中生活无异。

老年人的聚集点，
多在路边、楼间小路等阳光充足的部位。
小广场、小游园，
都处在老年人不易到达的小区边界处，
并且处在常年不见阳光的高层建筑北边，
游园和小广场基本无人驻足停留。

商业街主路附近的绿地阳光充足，
特别是冬季和初春时节，
吸引了大量的老年人驻足，
但没有休息的座位，
绿地草坪不允许踩踏，
老年人们自己带马扎坐在路边。

社区中心绿地，
交通可达性高、人流量大、商业设施多，
没有建筑物遮挡，
阳光充足。
如果场地内增添树池座椅，
种植落叶阔叶树，
夏天遮阳，
冬日透光，
可为老年人提供休息、交流的空间，
四季享受轻松愉悦的闲适时光。

集聚社交活力的自发性空间

秋季，中午
晴
武汉市，洪山区
剑桥春天小区入口广场

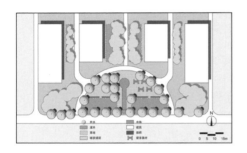

深秋的阳光不冷不热，斑驳的光影从树叶间隙透下来，隐匿在树丛中的鸟鸣声和小区广场上传来的人语声交织在一起，形成了一曲和谐美妙的交响乐。

剑桥春天小区位于华中科技大学的南面，建筑架空层位于小区入口附近活动广场的边界一角，与同侧的人行步道之间以绿化带划分区域，不过可能因为经常通行踩踏，这块绿化带已经变得光秃秃的。

这一隅之地与社区活动广场一起，成了小区最具活力的公共区域。场地内随意摆放着陈旧的桌椅。这里成为小区老年人日常交流休憩和打牌娱乐的地方。它是老年人自己开辟的一片活动天地。

【棋牌活动】

建筑架空层随意摆放的两张桌子边，坐满了打牌的老年人。老人们一边打牌，一边聊天。一场牌局结束时，无论输赢，老人们脸上都洋溢着笑容，对对方的牌技表示赞赏或对失误表示遗憾。

还有四五位老年人在一旁"观战"，对牌局做着点评或指导，或等着有空余座位时自己上场，树荫下一片欢声笑语。

【带小孩】

毗邻建筑架空层的广场一角，有一位女同志背着孩子的小书包，守着自家的孩子玩健身器材和滑梯。

还有一位男同志置身于热闹的场面之外，远远望着年轻人抱着孩子，有时又去滑梯边静静看着别家的孩子玩耍。

带状的喷泉水池位于小区入口的活动广场中央。水池一侧树荫浓密，另一侧空间开阔，因此透射出来的阳光不冷不热、恰到好处。

在水池尽端的圆形喷泉水景处，有一群老年人带着孩子在水池边缘逗乐。他们手里都拿着一根长长的细竹竿，轻轻拍打着水面，溅起一阵水花，惹得两三个小孩子忍俊不禁。孩子们也学着老者的样子，玩起水来。有一位女同志蹲在水池边缘，也没顾得上是否安全，就乐呵呵地和对面的小孩子逗乐玩耍。

另外两个男同志站在一边观望孩子们的活动，紧紧盯着孩子以保护他们的安全。还有一位正准备出去买菜的女同志停下来和对面的朋友打招呼。他们都被眼前其乐融融的景象感染，露出了发自内心的笑容。

公共空间中总是伴随着自发性活动，
简陋的一隅之地，
也有汇聚人群的潜力；
陈旧的室内桌椅，
也能成为灵活的室外家具。

老年人真正需要的，
往往不是复杂的体验空间。
日常的活动交流，
才是他们最大的需求。

无论晴雨季节，
建筑架空层都能成为舒适的遮蔽空间。
白天转角处有大面积树荫和充沛的光线，
夜晚这里的一盏灯使其热闹依旧。
可移动的座椅拉近了老年人之间的距离，
自发性的座椅可以任意移动和置放，
形成休憩空间或围合性的空间，
在未使用时仍归还空间的整洁。
圆形的水池，
提供了围合聚集的向心性场所。
即使没有喷泉，
一潭静水也能给场地带来活力。
大概也是人的亲水性使然，
许多老年人和孩子得以在此聚集，
给活动广场带来一片欢声笑语。
在小区环境内设置的老幼互动空间，
也是日常利用的休闲活动空间。

设计不仅体现在形式感之上，
更应对普遍但易被忽略的行为进行观察和分析。
以老年人需求为导向的空间设计，
才是老人们的心之所向。

屋檐下、道路边的社交

冬季，下午
晴
武汉市，洪山区
汽发社区路边

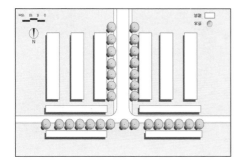

【聊天】

一位身着红色棉衣、戴着毛线帽子的女同志，慢悠悠地在路上散步。遇到一对熟人中年夫妇在路边停放三轮车，她便走上前去搭讪，一起在树下唠着家长里短。中年夫妇将车安置完毕，女同志依旧不舍得离开，三人就地在树下继续聊天，便成了这条路上为数不多的驻留者。

在另一条沿街有小商铺的巷子里，一群男同志聚集在一家副食店门前的台阶处，午后的阳光投射在台阶上。一位男同志搬了一把小凳子放在台阶上，手插口袋屈腿坐着，和另外四位站着的朋友聊天，互相诉说最近家里发生的事，偶尔对视一笑。

初冬的午后，天气晴朗，偶有微风吹过，老街巷沉浸在惬意、慵懒的氛围里。冬天的阳光不再那么灼人刺眼，透着薄薄的凉。

汽发社区位于洪山区光谷广场，是一个比较老旧的小区。进入小区后一直向前走，道路两边都是老旧的居民楼，人行道边种植着高大的乔木，有些路段被任意停放的机动车占领，行人只能靠着人行道边缘走，这里行人不多，稍显冷清。

走到尽头左转，路边开始出现一排小商铺，形成一侧小商业、一侧居住区的局面，高大的乔木为这里提供了充足的树荫，只有小商铺门前是阳光照射到的地方。

【晒太阳】

继续往前走，临街商铺大多已经关门闲置。两位老姐妹搬来椅子在门口的台阶上坐着晒太阳，她们都戴着严实的帽子，背对着商铺的卷帘铁门。一位女同志用手指比了个"2"，另一位女同志微笑着看着她，她们似乎在聊着街坊邻居家发生的趣事。

这条路上商铺人烟稀少，但她们沉浸在自己的世界里，也不在意眼前这荒凉的街道、陈旧的商铺、缺角的台阶，以及缠绕在一起的旧电线。

【观景】

在路旁两栋居民楼之间的过道处，一位女同志在入口处伫立着。她穿着厚实的衣服，双手插在口袋里，久久地望着她的侧前方。

循着她的眼神看过去，只有一根高压电线杆，上面缠绕着杂乱无章的电线。电线杆的后面是一栋居民楼，也没有什么特别的景象。但她张着嘴似乎在呢喃些什么，久久不愿离去，也许在等着什么人的出现。乔木的枝叶在头顶交织成绿色的天空，阳光拉长了她的身影。女同志的形单影只与她前方商铺处的热闹景象形成鲜明对比。

老年人偏爱小商铺门前的台阶场地，
一把椅子，一位听众，
就能消磨一个下午。
这种建筑檐下空间，
能形成室内外私有和公共空间的连续延伸，
使得空间具有模糊性和不确定性。

背靠建筑，
能够获得安全庇护感。
面朝街道，
可以观望来往的行人。
建筑的屋檐，
提供了遮风避雨的地方。
而门前台阶的高差也为老年人带来舒适感，
在高一级的台阶上摆放椅子，
在低一级的台阶上放脚，
能帮助他们更好地舒展身体。

一些在街道上漫无目地散步的老人，
走几步就停下来观望周边景色和来往行人，
遇到老熟人就主动上前搭讪。
但休息停坐的街道场地与设施难觅踪影，
无论是路边还是建筑檐下，
都缺乏舒适的休憩设施和良好的景观环境。
老年人只能自己携带板凳，
增加户外活动的机会。

老年人户外活动，
是社区养老应关注的重要内容。
合适的休息与交往空间，
是有效支持他们开展户外活动的必要条件。
城市老旧小区的配套设施匮乏，
是老年人进行户外活动的障碍，
更新改造便是必然。

社区傍晚的闲暇时光

夏季，傍晚，
阴
武汉市，洪山区
狮子山北路与
澜花语岸小区

六月的武汉是一个大火炉，天气异常炎热，就连爱出门的鸟儿也只想赖在窝里。街上行人稀少，即使有也是举着太阳伞疾步通过。太阳落山以后，老年人才陆陆续续地走出家门，来到绿地之中进行活动。

澜花语岸小区位于武汉市洪山区南湖大道与狮子山北路交汇处，在城市主干道南湖大道的北侧，周边有华中农业大学、武汉市洪山区第三小学等。

小区与狮子山北路之间绿化空间较多，多以绿篱进行小空间划分，入口处拥有小广场一类的体育锻炼空间，且外人易于进入。广场呈方形，两侧以商铺围合，附属绿地中为小乔木配植绿篱，座椅等休憩设施较多，晚上是游人来此地的主要时间段。

【跳舞】

狮子山北路的道路两侧，有着较宽的人行小广场。

因为天气炎热，白天路上的老年人屈指可数。到了晚上，在东侧的小广场处，一批老年人占据了道路中央，他们配合着音乐跳广场舞，动作整齐划一，在路灯的微光下也是一种别样的风景。此时，行人道路空间会受到挤压，随意穿行受到阻碍。

【聊天】

澜花语岸小区入口前的小广场设置了许多座椅，常有老年人在锻炼过后或者是散步途中前来休息，他们或在座椅上跷着二郎腿，从容地闲聊着；或给刚刚活动完的小孩子擦后背上的汗。

【带小孩】

在小广场这类的空间里，总少不了老年人推着儿童车或者牵着自家的小孩前来散步聊天。晚上 7 点半左右，广场内一群老年人一边欣赏着广场舞一边聊天，他们或站立或端坐，身边几个小孩子在嬉戏打闹。此处成为老年人的一个社交空间，在一片祥和之中，他们享受着银龄时光的快乐。

狮子山北路与澜花语岸小区之间，
人行道被绿色充斥，
活动广场也随着绿篱的环绕而诞生，
风景宜人，人来人往但不喧闹，
为城市主干道增添了一抹绿色。

老年人的活动以广场舞、散步、下棋为主，
他们载歌载舞，身姿矫健。
老年人都能在广场找到属于自己的天地，
但道路上的跳广场舞的人占据了场地，
行人被排挤到了墙边，
长跑健身的老年人也难觅踪影。

社区广场上有许多休憩设施，
老年人或跷着二郎腿坐下闲聊，
或推着婴儿车在此短暂停留。
适当点缀几抹绿色，
酷暑之下也能找到绿荫的庇护。
增添一些体育空间，
划分好广场舞与其他活动的边界，
更能促进老年人的多样活动。

家长里短

夏季，下午
晴
泰安市，泰山区
迎春社区

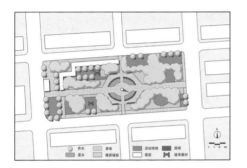

【聊天】

场地西北部有一休憩廊道，廊架上的紫藤生长茂盛，成为夏季良好的荫蔽场所。老人们三三两两聚在一起闲聊，有一对老姐妹在商量下周末走亲戚的事宜，商量着带什么样的保健品，空气中洋溢着愉快的氛围。

【棋牌活动】

场地西侧入口管理房处，在国槐的荫蔽下，五位老人在打牌，另外一位老人和一位年轻人在一旁观看，打发着周末时光。

五月底，雨过天晴，慵懒的下午，人们纷纷出门，享受着难得的好天气。虽然是夏季，但雨后微凉，老人们仍然穿着长袖。

迎春社区位于泰山区略偏东南部，规模较大。社区北侧、南侧、西侧均为居住区，东侧为在建区域，整片区域人口密度较大。

社区内主要的方形活动场地较大，其中央为六边形广场，十字形园路从广场中央穿过，将整个场地划分成四块绿地，形成四块不同功能的活动区域。四块绿地被高大乔木荫蔽，地表灌木种植不足，土地裸露，也正因如此，这里成了居民健身活动的场所，每天都有大量的居民在此休闲娱乐。

【打羽毛球】

场地西南侧的绿地，土地裸露，为老人们打羽毛球提供了场地。两位老人身手矫健，技巧和反应速度一点也不输年轻人。一旁有一位老人带着孩子观看，小朋友拍着手开心地笑着。

【抖空竹】

场地西部的活动场地内，几位老人在抖空竹。他们灵活地操纵着棉绳，四肢巧妙配合，脸上洋溢着笑容。

【器械运动】

场地北部的活动区域布置着健身器材。一位老人戴着太阳帽，在单杠上拉伸小腿；另一位老人则在树荫下，借助健身器材左右甩动腿部。

北方的社区，
虽然没有那么多植被，
土地裸露较多，
健身器材数量较少。
但社区内规模较大的活动场地上，
高大乔木起到了良好荫蔽效果，
满足了老人们的日常休闲活动需要。

日复一日，
人来人往，
老人们经常进行打羽毛球等健身活动，
有家长里短的闲聊，
也有打牌、晒太阳等休憩活动。

植物总是与健康和生态挂钩，
既能划分空间与场地，
又能营造舒适的小气候，
还能构建利于老人身心健康的社区环境。

含饴弄孙

初夏，下午
晴
临沂市，平邑县
金联华府小区

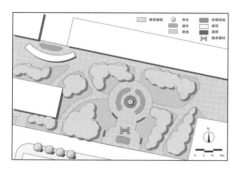

【带小孩】

孩子们在广场嬉戏游戏，有的孩子在学骑自行车，有的孩子在挥舞着木棍耍酷。看着孩子们满头大汗，一位老奶奶走过来，喊着让孙子脱掉外套。

【聊天】

看着孩子们嬉戏，老人们也话起了家常，说着自家孩子的日常琐事，聊孩子上学、晚上要做什么饭。孩子们是老人永远的话题，他们虽然也在抱怨孩子们不听话，但满脸都是慈爱的笑容。

五月，雨过天晴，风微凉，空气中弥漫着淡淡的青草味道。周日下午，孩子们来到楼下，享受着周末最后的娱乐时间，老人们也聚在一起闲话家常。

金联华府所在的区域是县东城开发区的居住区，小区北侧、西侧临农业用地，南侧为县医院及其附属小区，东侧也为居住小区。小区内有一幼儿园，方便了小区居民的日常生活，小区沿街面商业店铺丰富，满足了人们的日常生活需求。

小区内绿树成荫，中部幼儿园周边有大片的绿地供人们活动。居民活动的主要区域为东侧的小广场，以硬质开敞空间为主，广场中央有一休憩亭名为文昌阁，是老人们喜欢聚集的地方。

密度较低的居住区，
相对完善的基础设施，
丰富的健身器材，
良好的绿化植被，
花团锦簇的春夏之际，
促进了老年人带孩子、散步等户外活动。

但休憩设施的相对不足，
稀疏的座椅布置，
相对缺乏的服务场所，
也给老年人含饴弄孙造成了障碍。

这里，
增加休憩设施，
种植花卉植物，
营造相对私密安静的户外休憩空间，
可以为老年人提供丰富的公共活动场所。

茶余饭后

夏季，傍晚
晴
泰安市，泰山区
利民小区

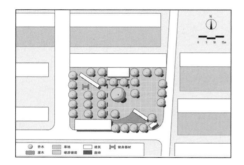

六月初的一个晴天，傍晚的夕阳依旧温暖热烈。人们吃完饭，纷纷来到小区的广场活动。

利民小区位于泰山区略偏东南部，北邻主干道南湖大街，南临铁路沿线，西邻施家结庄社区，东临韩家结庄社区，整片区域人口密度较大。

社区内主要活动场地为长方形广场，广场以硬质地面为主，中央有一大型雪松花坛，东南部与西北部有两处休憩廊架，布置有石桌、座椅、乒乓球台、健身器材等设施，植物以垂柳为主。该场地为小区内主要的较大活动场地，每天都有许多居民在此休闲娱乐。

【带孩子】

场地西北部，一位老人坐在休憩廊架下，看着不远处玩球的孩子们。有的孩子在抢夺皮球，有的孩子手里拿着玩具在向同伴炫耀。这样的场景几乎每天都在发生，而老人似乎永远都看不厌。

【聊天】

两位女性老人坐在垂柳下的座椅上聊天。一位老人向另一位诉说自家孩子的近况，并问候对方孩子的学业情况；另一位老人抱怨自家孩子下午赖床的烦恼。每次说到孩子，老人们总有聊不完的话题。

【闲坐】

一位女性老人坐在廊架下，她的孙女在不远处玩，她拿着孙女的帽子、外套和水杯，享受着茶余饭后的休闲，并小心翼翼地摆弄着孙女的玩具。

【器械运动】

场地健身器材附近，一位老人在按摩后背。她边按摩边与周围的人闲聊，并问候对方是否吃过晚饭。从她微微含笑的脸上可以看出，这个器材对老人来说是不可多得的宝物。

小区内较大的活动场地，
健身设施齐全，
休息设施完善，
因此老人们的使用频率较高，
能够满足他们的日常休闲活动。

在这里，
老人们含饴弄孙，
闲话家常，
运动康体，
舒展拉伸。

然而，
场地内的卫生状况并不乐观，
杂乱的休憩座椅，
遍地的杂物垃圾，
较差的卫生管理，
"脏乱差"的空间人迹罕至，
也影响了老人们对场地的使用热情，
场地的卫生状况，
是对老人们户外活动影响较大的因素。

午后的宁静

冬季，下午
晴
上饶市，鄱阳县
湖城·新天地商住小区

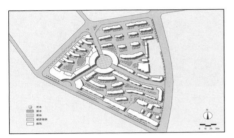

一月下旬，连日的阴雨天气后天空终于放晴，下午阳光明媚，温度适宜，虽然是在冬天，但阵阵的微风给人一种秋天般凉爽的感觉。

商住小区分布在人口较为密集的区域，周边有公园、县人民政府等，附近的车辆与行人来来往往，络绎不绝。

在小区内部，一个中心广场和三条主路构成了公共空间，中心广场视野开阔，仅有三个柱子立在中间，四周高楼林立，三条主路本来较为宽敞，但是道路的两边停满了私家车，给行人预留的空间不是很充足，两侧的许多店铺满足了居民的购物需求。

【聊天】

人行道还算比较宽敞，街道一边临近商店的地方，有几位老年人在悠闲地聊天，讨论生活的点点滴滴，彼此之间似乎是已经认识很久的挚友，在聊天过程中没有起丝毫争执，而是充满了和谐气氛，让人感到温馨。

【晒太阳】

中心广场的一侧，行人来往不多。一眼望去，一位双腿不便的中老年女性躺靠在轮椅上，她的旁边是帮助她的丈夫。前两天一直在下雨，今天的天气难得一见晴朗，他们夫妻俩结伴来到广场的边缘，晒晒太阳，感受户外阳光的温暖。

【摆摊】

在中心广场的另一侧，人数较少，只有一位老人家开着电动三轮车卖着各式各样的零食，他在车上安装了喇叭，吆喝着吸引大家过来购买。

老人在路过某家店的时候，就会有一些店老板买东西给自己的小孩，小时候这些东西很常见，如今越来越少见了。

【散步】

一位男性老人家双手揣在兜里，穿过人群，独自一人走在街道上，但是这儿的阳光都被一旁的高楼所遮挡，不适合停留，他只能慢悠悠地朝着有阳光的地方走去。

这两天阴雨天较多，出来散散步、晒晒太阳可以很好地缓解坏天气带来的压抑心情，让自己的心情愉悦起来。

街道的另一边，有一对精神饱满的老人走在道路的一旁，非常悠闲，边散步边享受着阳光带来的沐浴。可以看到这对老人家的防护措施做得很好，都戴上了口罩。

午后是宁静的，
这儿有空间开阔的广场，
有视野相对狭窄的道路，
广场的环境普普通通，
简单地设置了几根柱子，
道路两边停满了私家车，
原本就不充裕的空间显得更加狭小。
不同的场地发生着不同的行为，
老人选择此地的原因是什么？

部分老人避开被太阳遮挡的区域，
主动来到阳光充足的街道，
不仅仅是为了身体上的舒适，
更向往着心里的那份阳光，
这份阳光给他们带来了归属感和安全感。

但并非所有老人都选择这种舒适的方式，
为了生计，
有些老人家不惜忍受着寒风的侵袭，
坚持售卖以补贴家用，
环境与他们的行为似乎并无必然的关联。

小区正中心的广场，
视野开阔、交通便利，
来这儿活动的老人不在少数，
这里非常适合晒太阳，
感受阳光的温暖，
但是，广场周围缺失椅凳，
人们如同无枝可依的小鸟，
始终不能悠闲地停留。

孤寂与欢乐的对比

冬季，下午
多云
上饶市，鄱阳县
新鄱阳中心花园

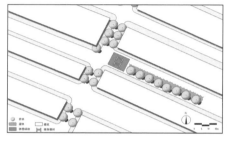

下午的天气较为晴朗，而且气温相对适宜，小区内有布置健身器材的区域。

社区位于城镇较为偏僻的地方，周围大部分区域还在建设，来往的人数有限。该区域位于社区内部的十字交叉口处，四周被高楼环绕，使得这里与城镇相隔开来，外界的喧嚣也随之远去，在社区内活动成为这里人们生活的日常。

社区内设施条件有限，整片场地较为规则，占地面积较小，绿化带不足，健身器材设置在小区主入口附近，这里为老人提供了聊天或者带孩子的场地。

【带小孩】

老人和孩子一边在健身器材上运动，一边跨越年龄地聊着天，脸上都洋溢着幸福的微笑。

【买菜】

一位年过花甲的老人步履蹒跚，左手提着装满牛奶的塑料袋，右手提着菜篮路过，准备下午或者明天的饭菜，背影中透出生活的一丝艰辛。

有三位男性中老年人聚在一起，从下楼后就在一起欢快地聊着天。家中无聊，出来逛逛是老人们的日常，他们的背影逐渐在欢声笑语中消失。

小区内，
一排排的高楼林立，
高大且紧密，
这里的空间变得相对拥挤，

小区道路的两边，
种植了两排行道树，
在寒冷的冬天，
这些树木显得格外亮眼，
高楼的遮挡并没有掩盖树木的生长，
倒是在这种环境下愈发顽强。

道路的两侧，
不少人聚集在一起交流同行，
也有人孤独行走，
而在健身器材旁，
老人与小孩共享天伦之乐，
非常和睦。

这里，开敞的空旷场地，
广阔的可视范围，
便于老人展开互动交流，
但范围有限的路边，
视野不足，
缺少必要的设施，
给老人带来了一丝不便。

平凡而生动的烟火气

秋季，早上
晴
武汉市，洪山区
保利华都小区广场

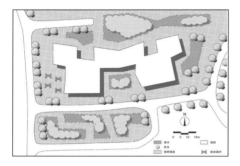

秋高气爽的早晨伴着徐徐微风，将人们"拂"出了家门。

广场位于小区主入口旁，靠近街道的是一个小型广场，往里延伸，整个广场呈矩形，两侧均有约 10 m 高的树木。

小区主入口旁，一条笔直的人行步道贯穿场地，商铺、菜市场等都聚满了人流，花坛旁还有可供休憩的石椅。

广场周围的树木并不多，能提供的树荫十分有限，所以晴朗的上午就会格外炎热。

【遛狗】

上午 10 点左右，天热依旧。此时在外停留的人并不多。偶尔会走过几个抱着孩子的女同志，还有牵着狗遛弯的男同志。炎热的广场上并没有这些人的栖身之地，能避暑的大树荫难觅踪影，路过的老人大多步履匆匆，很少驻足停留。

夕阳西下，人们才陆陆续续地从家中走出，或是买菜，或是散步，遛狗的老人也变得多了起来，狗狗们也乐于在不那么炎热的环境下奔跑、玩耍。

【跳舞】

夜晚是整个广场最活跃的时候。白天稀稀拉拉的人流已经变成有一定规模的人群，广场上摇曳的阿姨、奔跑嬉戏的小孩，成为点亮城市黑夜的烟火气。

远远望去，最先看到的是路边的一号交际舞队。这个队伍人数不多，估摸十人，只占据广场外围，老人们的舞姿婀娜。二号舞蹈队是规模最大、训练最有序的一支队伍。每天晚上 7 点音乐会准时响起，这群姿态优美、气势宏伟的舞队是走过路过的人们都无法忽略的风景。三号舞蹈队规模不及二号，但占据着最安静的地块，因为靠近居民楼，音响的声音也更小，整体上更加优雅、舒缓。

女同志们选择的位置在湖边，相比拥挤、嘈杂的街道，此处显得尤为幽静、独特。

跳舞的位置在菜市场附近，舞后还可以去菜市场捡捡漏，去旁边的药店看看需要补备的药，或是给玩耍的孙子奖励一个冰激凌，大概老同志们的生活就是围绕着柴米油盐展开的吧。

白天忙于生活，夜晚享受生活。

除了跳舞的老人们，这里还有充满活力的新鲜血液——少年"赛车手"们。在震耳欲聋的广场舞音乐里，还能清楚地听到他们争论谁当队长的声音。老幼共享的场景在此呈现！

平凡而生动的烟火气，
是那曾经很不习惯窗外嘈杂的声音，
广场上的刺耳音乐，
阿姨们大声地聊天，
小孩们肆意地吵闹。

但疫情爆发之后，
武汉安静了，
我们的城市病了，
从窗台边往下张望，
隔几分钟才见到一个匆匆的身影，
那种嘈杂的烟火气不见了踪迹，
只剩下一幕幕记忆中的热闹。

武汉解封后，
广场舞的音乐重新钻入耳朵，
虽然还是一如既往的吵，
但这嘈杂宣告着这座城市的康复，
这样的烟火气何等珍贵。

曾经的我们总自认为是最有活力的一代，
殊不知这只是一种狭隘和偏见，
年龄并不能束缚老年人对活力的追求，
中老年生活圈是城市必不可少的组成。

或许我们觉得自己的老年生活还很遥远，
但是，在日常的社区规划设计里，
怎样才能让老年人参与到夜晚活动中，
既留住阿姨们活动的自由，
又减少对周边的影响？
这才是城市不可或缺的人间烟火气息，
也是值得我们真正思考的问题。

老军工的退休日常

秋季，晚上
晴
武汉市，洪山区
武仪阳光社区

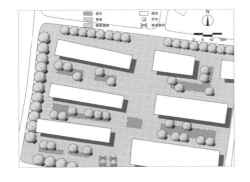

晚上，阳光社区并没有炎热的太阳笼罩，社区内的人们纷纷出来散步和聊天。

社区全名是中航工业武仪阳光社区，位于洪山区鲁磨路。社区房龄跨度比较大，有20世纪80年代的一层板房，也有2005年左右的电梯小高层。小区属于军工单位社区，居住人群主要有仪表厂职工及家属、外来租户、附近工作的年轻人等，其中中老年人居多，且多为退休职工。

入口广场宽敞平坦，很多私家车停在楼下，道路中间没有专门的人行通道。因为是比较老旧的小区，也没有专门的景观设计，只有道路旁侧一排排列植的高大乔木。

【跳舞】

这里，广场舞有两种：一种是充满现代气息的动感舞蹈，气氛高涨；另一种则是动作轻柔的舒缓舞蹈，怡然自得。

有时，路过的行人也会驻足观赏，女同志们整齐划一的动作优雅利落，场面十分壮观。女同志们娴熟的舞姿，显然是下了功夫的。女同志们也会在一起练习动作，有的灵巧，有的"笨拙"，一群人边学边笑，好不热闹，这样的笑容也感染着每位路人。

【聊天】

不必贝阙珠宫，不必珍馐美馔。简易的板凳，便利店漏出的微弱灯光，三两好友相伴左右，恣意畅谈人生大事，妙哉。

【打乒乓球】

"年轻时，我可是我们单位打乒乓球的一把好手！"其中一位男同志热情地说，"退休了，趁身体还行，再多打几年，也算锻炼身体了"。这位男同志每天来此打乒乓球，将爱好、健身和娱乐三者合一，乐此不疲。另一位男同志说道："年纪大了，腿脚也不好使了，足球、篮球是想都别想了，乒乓球是最适合我的一项运动，能有自己的一方小天地进行锻炼已经非常满足了。"

【观景】

这里是小区为休闲活动专门打造的一片区域。地面采用了与沥青路面不同的铺装，中心区域摆放了石桌、石椅等，周围大树环绕成荫，还可以遮风避雨。夜晚与三两好友在此小酌几杯，再举杯邀明月，美哉！
然而这个空间并没有想象中好用，其中一位男性老同志告诉我们，到了晚上，这里蚊子成群，所以傍晚之后基本无人问津。

老军工们的退休日常生活，
活动时间和范围都有一定的规律，
老友间总有不可言说的默契，
无须提前邀约，
老时间、老地点，
熟悉的身影总会出现。

由于活动能力的限制，
他们不喜欢去相对遥远的地方，
可能担心自己回不了家，
或是对自己的安全问题有所忧虑，
年龄偏大的老年人更是如此。

他们喜欢集体活动。
但不得不从昔日的社会活动中退却出来，
从工作单位到回归家庭，
社会关系和生活环境变得更加简单，
主要活动和社会角色也发生了改变，
加上子女"离巢"，
过去的热情一去不复返。
但集体活动带给了他们新的欢乐，
无论广场舞还是下棋、聊天，
他们乐此不疲。

也许我们会觉得，
老年人的生活离自己很远，
但每个人终究会老去，
照顾现在的他们，
就是照顾未来的自己，
当垂垂老矣，
要乐有所依。

对于老年人，
一个合理积极的集体活动空间，
其相对独立性、开放性与开敞性，
均十分必要。

3.2 社区宅旁绿地——人间烟火气

宅旁绿地，也称作宅间绿地，通俗来说是在两排住宅之间的绿地，一般包括宅前、宅后以及建筑本身的绿化，使用者通常为本幢住宅的居民，为他们提供日常休息、家庭活动等需要的场地。

宅旁绿地又可以分为私密空间和开敞空间两部分。私密空间指住宅前后的绿化空间，面积一般较小，有的可通过小路进入，具有景观亭等休憩设施；有的以植物造景为主，不可进入。开敞空间一般指住宅附近的硬质空间，为住宅楼附近的住户提供户外活动场地。

宅旁绿地在居住区中分布最广、使用频率最高，对居住环境有较大的影响，为居民直接提供优美、舒适的生活环境。宅旁绿地的功能可以分为以下三点。

第一，生态功能。宅旁绿地的绿化种植一般以当地乡土树种为主，通过合理的植物搭配，可以调控住区局部的温度和湿度，改善居民楼区域生态环境。

第二，游憩功能。宅旁绿地的任务在于既要保持居住环境的安静及私密性，也要保证必要的游憩空间，兼顾景观与使用需求。宅旁绿地常借助植物划分成私密、开敞等不同类型的活动空间，良好的植物配置本身又能形成优美的景观，丰富游憩体验。

第三，美学功能。宅旁绿地在绿化布置中大多选择观赏价值高的植物，通过个性化且具有地方特色的植物配置，带给居民愉悦的视觉享受。

相比其他绿地，宅旁绿地面积小、数量多、分布较为广泛。因此，宅旁绿地的使用人群以本幢住宅楼的居民为主，它通过植物划分成不同功能的空间，满足不同人群的活动需求。宅旁绿地的活动内容可以分为以下两种。

第一，观赏游憩。宅旁绿地的植物景观常常是观赏游憩的主体，在选择植物时，通常会综合考虑植物的观赏价值、季相景观及搭配效果，寻求不同植物之间的最佳组合，带给居民美的视觉享受。

第二，运动休闲。宅旁绿地较为开敞部分，是附近儿童、老人方便易达的活动场地，不乏儿童到此嬉戏玩耍、老人锻炼运动；以绿化为主、较为私密的空间，一般会成为居民休闲聊天的户外小花园。

社区宅旁绿地选用山西省临汾市广泉小区、湖北省武汉市华中农业大学西苑小区、复地·东湖国际等案例。观察发现，在宅旁绿地的开敞空间中，活动人群主要是老人和儿童，且以自发性活动为主。

楼前"空地"的表演台

冬季，下午
晴
临汾市，广胜寺镇
广泉小区楼前广场

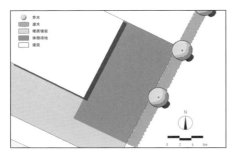

已至冬季末，天气逐渐转暖，这几日的天气非常晴朗，在户外活动的老人数量越来越多，他们大多结伴来到户外进行锻炼和闲聊。

广泉小区是镇内最新建设的一批社区，位于广胜寺镇新中心。东侧为洪洞市第六中学，南侧是建设中的幼儿园，北侧紧邻另一个正在建设的新小区，西侧是一片未建设的空地。

这里是广泉小区紧邻外部的一侧楼前空地，是一处小面积的空旷场地。由于一楼的商家还未入驻，所以广场连接楼前空地形成了一片可活动的区域。场地内有较多的停车位，且未完成公共休憩设施的建设。

【跳舞】

场地正中，有一队老人在跳广场舞，播放音乐的音响放在自带的小凳上。受场地面积及形状的限制，队伍只有七八位女性长者，两位老人领舞，其他老人在其后一字排开，跟随音乐跳舞。

【散步】

一位女性长者，身着棉服、头戴黑色毛线帽，在楼前空地上散步。老人走路时身体不大稳，但还是尽力加快速度，专心地锻炼身体。

【晒太阳】

一位女性长者和一位男性长者在楼前晒
太阳。女性长者坐在轮椅上，头戴红色
帽子，身着大红棉服和深红色裤子，脚
穿枣红色棉鞋，全身都呈红色系，呼应
着过年的氛围。男性长者坐在自己带的
折叠椅上，双手交叉，扶着膝盖，看着
不远处跳广场舞的老人。

【带小孩】

场地一侧的花坛旁，一位女性长者正在
带孩子。

孩子在花坛边缘的高台行走，老人则抓
着孩子的帽子在旁边护着。孩子不时停
下看面前跳广场舞的老人，老人则一直
在关注着孩子，生怕他跌落。

后来，从旁处来了另一位孩子，也模仿
着上一个孩子爬上高台行走。老人很快
发现，便对孩子进行提醒，同时投以关
切的目光。

楼前空地的"表演台",
场地有充足的光照,
环境介于热闹和清冷之间,
老人非常喜欢。
虽然场地基础设施与面积不足,
但简单的空旷水泥地,
仍聚集了大量不约而同到来的老人。
同时,花坛这一朴素常见的设施,
也吸引了诸多儿童前来游玩。

场地面积的大小,
休憩设施的多少与有无,
不完全决定老人是否在此聚集,
场地的光照与人气,
更能吸引老人。
在公共设施极为有限的情况下,
花坛充当了休憩设施,
也成了儿童的娱乐设施。

条件有限的社区,
场地与设施的有无及位置更为重要,
先达成"存在",
再追求"舒适",
另兼顾老幼。

工作与娱乐

春季，下午
多云
武汉市，洪山区
华中农业大学西苑小区

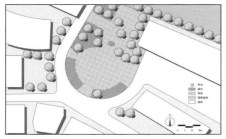

【观景】

一对夫妻推着婴儿车走在路上，打算带着孩子出来散散步、透透气，看见道路转角处正在盛开的桃花，便停下了步伐观赏起来，周围尽是一片绿色，唯独这棵树上花开得非常茂盛，这对夫妻沉醉于这独秀的花朵绽放之美中。

【通行】

在靠近广场的一条街道上，一位老人家头发花白，戴着口罩，手上提着一袋东西往前方走去，在他的后方刚好有一处小卖部，他应该是刚从旁边的零售店购物出来，打算买完东西带回家，顺便出来走走，呼吸一下外面的新鲜空气。

春季多云的下午，温度较为适宜，适合人们出行运动。在外面散步的老人也多了起来。

华中农业大学西苑小区位于学校内部，小区邻近周围的步行街，日常购物非常方便，小区设置有多个出入口，与外部交流非常通畅，而且道路较宽，周围基本不存在堵车的现象。

小区的内部环境较为良好，有 U 字形的广场，又有适合赏景的种植绿化、便利店、快递驿站等生活服务设施，解决了大部分人的需求。停车位充足，很少存在乱停车的现象。住区居民有一部分是校内离退休的教职工，文化程度较高。

【散步】

一位老人家拉着小推车在小区内漫步，不过推车里除了红色的袋子，似乎什么都没有。她戴着口罩，应该是在工作，可能是打算把这个推车送到指定地方。她身上穿着围裙，头发花白，但是走起路来却很轻松，没有步履蹒跚的感觉。

【跳舞】

U 字形广场的北边台阶的一旁，一群老年人为了锻炼身体，度过无聊的时光，纷纷加入跳舞的行列中。她们虽没有进行过专门的舞蹈训练，但是步伐和姿势都是经过很多次的磨合，大部分非常一致，旁边还有人专门为她们拍照留念。

【棋牌活动】

在广场旁，树池的周围，竹子的绿荫底下，环境比较荫蔽。有四位老人家围坐在一起打牌，这里的桌椅原先并不存在，都是她们自备的。她们在一起打牌的时候有说有笑，欢快的笑容洋溢在脸上。

工作与娱乐之间的纠缠，
对于退休后的老年人已不再重要。
小区的环境是否干净、整洁与清爽，
才是影响他们生活乐趣的关键。

这里，不仅有道路类相对狭窄的空间，
还有广场类开敞的空间，
两者相得益彰，
各自发挥作用，
道路为老人家散步通行提供了便利，
他们在散步的同时也能观景，
愉悦心情，
广场为老人家的集体活动提供了场所，
让聚集与跳舞变得方便。

除了动态活动，
还有静态活动，
绿化则提供了这些活动所需的空间，
在绿荫底下娱乐打牌，
可以给人们提供一种安全感，
不仅能遮挡阳光的直射，
还可以让人们享受周围的景色，
增进人与人之间的交流，
让老人们度过无聊的时光，
享受愉悦与轻松。

伉俪情深

秋季，傍晚
晴
武汉市，武昌区
复地·东湖国际广场

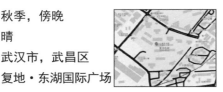

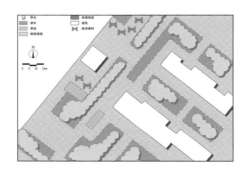

夏日武汉的夜晚，有风的陪伴总是令人愉悦的。晚风习习，宁静的小树林里，只有知了的声音不断穿过枝丫流入人群中。夜晚的复地·东湖国际格外热闹，随处可见小孩和老人的身影。

复地·东湖国际是位于武昌区中北路的一个较大社区，孩子们的笑闹声笼罩着小区前的空旷场地，不远处的树荫下，两位老夫妻漫步而行，尽显甜蜜、温馨。

围绕着小区散步一圈是许多居民晚饭后的习惯，凉爽的秋风吹拂着面庞，一天的不快仿佛也消失了。他们手牵着手，闲散地走向前方，似乎与自然融为了一体。

【跳舞】

女同志均穿着花花绿绿的漂亮衣裳，举手投足之间好似洋溢着她们的活力，一下子回到了青春的年纪，她们随着音乐起舞，欢乐的气氛瞬间充斥着广场。

除了女同志，男同志的表现也毫不逊色，脸上的皱纹挡不住他们娴熟的舞技，时光匆匆，脚步渐缓，但是他们的热情不会消散。

【带小孩】

儿童环绕的娱乐广场上，每个孩童都像是孩子王，旁边总有长辈拿着扇子为他们驱散着夏天的炎热。一位奶奶小心护着骑着儿童车的孩子，生怕他摔了下来。一位老爷爷一手推着车，一手把自己的孙子扛在脖子上。孩子们的童年就是有着这样的陪伴来为他们的天真无邪保驾护航。

【散步】

绕着小区漫步，夜晚的热闹景象让孤独的意味变得十分平淡。

在面点王的门口，四位老人走过，好像是两对夫妻，互为邻居，饭后的散步也相互陪伴，一起唠唠嗑、谈谈心，一点没有老年的孤寂，陪伴才是孤独最好的解药。

【遛狗】

漫步街道，眼前有着一大两小的身影，走近一看，原来是一位老人遛着两条小狗。

养狗已经是现在很多人的爱好，狗是人类的好朋友，也是很多独居老人对家人情感的寄托，一天遛几次狗，已经是很多人的生活习惯。

伉俪虽然情深，
但相同的地点，
不同的时间，
他们的活动方式或许有些不同！

空旷的空间，
幽静的环境，
似乎已是老年人活动所必需的要素。
但似乎热闹的地方，
更能驱散老年人的孤独。

此外，
孩子们的存在，
是老年人活动的重要寄托，
老年人的活动有时被孩子们的活动所约束，
但也是对自身活动的一种扩充。

夜晚下的凉爽树荫，
给予了老年人相对舒适的环境。
但阴处的黑暗也带来了不安与危险，
冷色灯光带给人陌生与犹豫，
暖色灯光令老年人觉得温馨与安全。

3.3 社区体育空间——户外"健身房"

在各种城市公园中,当属综合公园的休闲游乐设施最为丰富。社区体育空间,顾名思义就是社区中进行各种体育健身活动的场所,一般具有各项健身设施,有些具有充足的活动场地,供居民们开展自发性的体育活动。

随着我国全民健康意识的不断提升,社区体育空间的建设也逐渐受到重视,人们比以往更需要健身与休闲,以增强体质、缓解心理压力[31]。因此,社区体育空间的建设对社区活力的提升具有重要意义。社区体育空间的功能可以分为以下四点。

第一,实现全民健身。社区体育空间是体育设施和体育活动的载体,为时间不充裕的上班族提供便利的运动健身条件,为喜爱运动的老年人提供活动场所。易达的场地和完善的设施可以促进全民健身,展现社区积极向上的精神风貌。

第二,丰富多彩生活。社区体育空间为居民开展自发性体育活动提供场地。有些特色活动受到大多数居民的喜爱,如广场舞、健美操、武术,成为很多居民的爱好和精神寄托,丰富了居民的闲暇生活。

第三,促进社会交往。居民在运动锻炼时,不仅可以活动筋骨,还能增强邻里之间的交流;运动活动的开展,也为居民营造了良好的社交平台,从而实现社区的和谐发展。

第四,改善环境质量。鉴于体育活动的特殊性质,社区体育空间一般通过植物与其他空间隔离,减弱嘈杂的噪声对住宅区域的影响。场地内通常会种植大型乔木,为到此活动的居民提供荫蔽空间,且乔木本身又能够净化空气。观赏性较强的植物还能为居民带来愉悦的视觉体验,提升区域的环境品质。

社区体育空间的活动内容不仅限于健身活动,很多自发性、交往性、文化性的活动也在此展开。社区体育空间的活动内容与设施大体可以分为两种。

第一,运动健身。各项运动设施是社区体育空间的主要组成。这些运动设施通常以健身器材为主,有的社区具备乒乓球台与羽毛球场,有的社区虽然没有完善的运动设施,但宽敞的活动场地为居民的自发性运动提供了便利。

第二，休闲娱乐。社区体育空间不仅仅是运动健身的场所，也为居民休闲娱乐提供了场地。居民们可以在运动中交友、开展亲子活动等，一些特色运动项目的开展还能丰富居民的精神文化生活。没有参与到运动中的人群通过观看运动活动，也能得到身心的愉悦和放松。

社区体育空间的研究案例为湖北省武汉市康卓新城。案例中社区的体育空间遍布各处且分散，有些体育空间因位置偏僻而人迹罕至；有些体育空间虽然设施不完善，但合理的空间划分带来了较多的活动人群与较高的使用频率。

挥汗中重回青春

夏季，下午，
阴
武汉市，洪山区
康卓新城

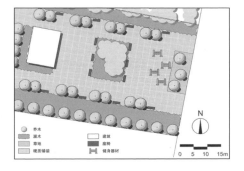

五月的武汉，天气总是那么神鬼莫测，在步入夏天的过程中，总会遇到些寒风暴雨。暴风雨过后，社区内的老人们走出家门，融入绿色之中，开始了他们的锻炼。

康卓新城在洪山区杨家湾附近，位于虎泉和光谷两大商业区的中间。其周边小区较多，附近有湖北邮电学校和光谷鲁巷实验小学等学校，不远处有一处地铁站和一处购物中心。整片区域人口密度较大，来往人流较多。

小区内部绿化空间众多，平均每三栋楼房之间就有一处设有健身器材的体育绿地，共有四处。多数体育活动场地内的体育健身器材较少，零星地分布于小区，并没有划分篮球场、羽毛球场等较大范围的运动空间，不过各个小空间划分较为合理，使用率均很高。

该绿地整体为方形，边缘以乔木围合，外部是社区内的道路，并不直接贴近建筑，并用绿篱划分出各个空间。

【玩呼啦圈】

下午的社区人来人往，小场地内有健身器材和供休憩的桌椅。两个身着红色碎花长裙的老年妇女将其他东西放在身旁的长椅上，用自带的呼啦圈进行锻炼，两人一边交谈，一边快速地转动呼啦圈。附近，另外两位坐在石凳上的老人，她们一边闲聊，一边看向玩呼啦圈的老人。或许她们早已熟络，似乎等待着运动完的老人将呼啦圈传递给她们使用。

【打羽毛球】

在体育锻炼小广场上，有两位女性长者挥舞着羽毛球拍，进行着一场激烈的角逐。突然间羽毛球飞到了树上，两人放松了紧绷的身体，合力将羽毛球取下。

此场地虽然可以用作打羽毛球，但并不正式，且场地较小。

【带小孩】

在小广场上，总少不了老年人推着或者抱着、牵着自家的小孩前来散步、聊天。下午四点半左右，在广场的一角，有一群老年人正在休息与闲聊，他们或坐或站，身边有几个小孩子正在嬉戏打闹。询问后，得知他们每天下楼散步时都会来到这个区域，此处已经成为老年人的社交空间。

康卓新城绿树成荫，
风景宜人，安静舒适，
有着相对完善的社交空间和停歇空间，
在此，
老年人挥汗之后仿佛回到了青春时期。

但是，
街区锻炼设施不足，
大型运动空间难觅踪影，
部分体育活动空间位置偏僻，
导致"人迹罕至"。

大多数老年人的运动，
以打羽毛球、散步、玩呼啦圈为主，
想要长跑健身或打篮球的老年人，
却无处可去。

一处安全的老年人"户外健身房"，
可为一处设施齐全的场地，
或者一片绿荫之下的草坪，
也可以是广场或路旁的一隅。

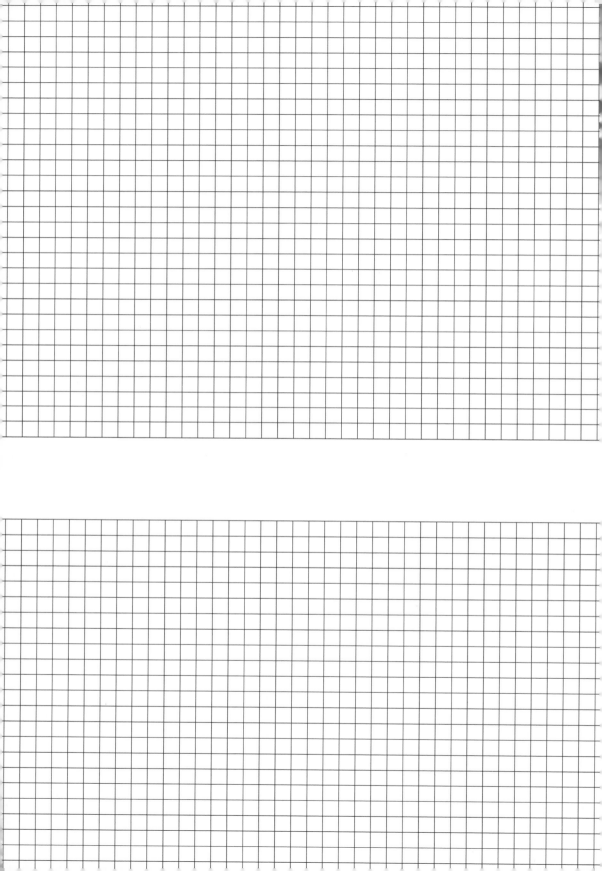

4

校园公共空间中的银龄生活

校园公共空间是位于大学校园之中，为师生提供校园生活服务的开放共享空间，其构成校园整体空间体系的核心和联系骨架，具有多重功能和意义，能够体现校园的形象和特征[32]。校园公共空间可以分为校园综合活动区、校园生活区和校园体育运动区三种类型。

4.1 校园综合活动区——茶余饭后的闲散时光

大学校园的综合活动区，是校园最主要的户外交往空间，它对景观功能与空间体验的营造，能够赋予场地多样的意义和精神[33]。校园综合活动区分散在校园的各个角落，主要包括独立广场、建筑附属广场、庭院空间和小游园。

校园综合活动区是师生社交、开展活动、交流学习心得与体会生活的场所，也是校园文化展示的平台，兼实用与文化价值于一体，优美的校园环境促进了师生身心健康。校园综合活动区的功能可以分为以下四点。

第一，开展娱乐活动。校园综合活动区能承载一定规模的人群，方便组织开展各项娱乐活动，成为师生们聊天、休息、交流的平台，丰富师生们的课余生活，展示校园积极向上的风貌。

第二，提供户外课堂。校园综合活动区是学生开展户外学习的主要场所，户外优美的环境更能够陶冶情操、激发灵感，也方便开展实地调研和自然体验活动，是室内教学场所的重要补充场地。学生在此可以安静地阅读和思考，也可以活跃地交流和讨论。

第三，丰富校园景观。校园综合活动区的景观形象影响着校园的整体面貌。植物景观的塑造不仅能提升校园的景观价值，还能发挥植物本身调控区域温度、净化空气的生态效益，有些特色植物造景也能成为一个校园的形象名片；具有个性特色的景观小品，不仅能丰富景观效果，也能成为校园的地标构筑物。

第四，展现校园文化。校园中的公共空间或多或少都会承载校园的历史文脉和学术精神，它所倡导和传载的校园精神以及道德价值会随着学术研讨和户外活动浸透附着在学校学生上，印刻在他们的脑海中[34]。除学生之外，对到此活动的其他人群来说，校园综合活动区也是校园文化的输出载体，展现着校园的精神风貌。

作为校园主要的景观空间，校园综合活动区包含多样的空间类型，可以进行多种校园活动。校园综合活动区的活动内容大体可以分为以下四种。

第一，社交互动。校园综合活动区分布较为广泛，在交通上也大多便捷易达。不管是比较开敞的空间还是相对静谧的空间，都能作为学生课间聊天、社团活动的场所，也方便教职人员交流，总是充满着生机与活力。

第二，休闲游憩。部分综合活动区在设计时因地制宜、各具特色，将实用性与体验性融合。有的活动区具有突出的标志物，有的活动区以特色植物景观取胜，有的活动区凭借充足的活动场地吸引人们前往，成为学生和教职工闲暇时间偏爱的休闲场所。

第三，学习交流。作为师生学习交流的第二课堂，校园综合活动区具有比室内课堂更加新鲜的空气，结合室外的座椅、树池、花坛等设施，为师生交流、学术讨论提供方便。

第四，文艺活动。校园综合活动区是开展学生思想教育和素质拓展活动的平台，通过举办歌舞类比赛、联谊等文艺活动，集教育性、艺术性、娱乐性于一体，激发学生的艺术情怀和创新进取精神。

校园综合活动区选用湖北省武汉市华中科技大学的青年园、永丰广场和世界文化名人园等案例。案例虽为校园综合活动区，但由于华中科技大学面积较大，校内分布有教职工居住区，老年人群数量较多，不乏老年人到此活动，且老年人活动与学生活动并未相互干扰。

青年园的绿意时光

秋季，早上
晴
武汉市，洪山区
华中科技大学青年园

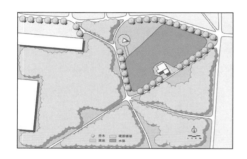

清晨八点左右，青年园树木林立，透出阳光的地方舒适愉悦，浓密的行道树荫下清爽宜人。早餐的热闹刚过，赶早课的学生也已安静下来。校园再次恢复平静，路上多了很多长者慢悠悠的身影，青年园成为长者们散步静坐的最佳场地。

青年园位于华中科技大学西区中心，四周被道路和教学楼围合。园里有大面积的树林，树下有长座椅，小园路在草丛中弯弯绕绕。

青年园的中心是源湖，它如同青年园的眼睛，人们大多在源湖周边聚集。向湖边走去，蜿蜒的小路，星罗棋布的石桌、石凳，安然摆放的木质座椅，这些都能让人感受到青年园的包容和温馨。树影层层叠叠，为这片乐园增加了私密和安全的气息。

【带小孩】

源湖的满池荷花是最吸引人的，不论是对老人还是孩子来说。因此很多老人会将孩子带到湖边，让他们在自己的看护下安全地玩耍。

孩子们有的带着水枪，有的老人使出了年轻时钓鱼摸虾的手艺，为孩子们提供更多的欢乐。有的老人较为安静，只是默默注视着孩子们玩耍，满面慈祥。

【聊天】

建校纪念碑广场与东侧道路间没有视觉分隔，因此向东的视线较为开阔，其他方向都有植物阻挡，给人们的安全感更强。纪念碑下方底座的西北角上坐着两位女性长者，她们背靠着纪念碑，轻松地聊着家常。

凉亭里三三两两分布着几位老人，他们带着孩子，互相聊着家常。一位老人踱步在凉亭外的栏杆旁，眺望远处朝气蓬勃的年轻人，追忆感怀。他不时和旁边的女同志交谈几句，或是拉拉家常，或是感叹过往。

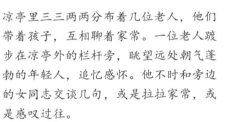  

园内的小路旁，有两位正在闲聊的老人，坐在清凉的石凳上，靠在舒适的座椅上，一边观景一边休息。两位老姐妹穿着舒服的裙子，满眼的笑意，似乎在聊什么开心的事儿，让人不忍上前打扰。参天的树木为她们提供了阴凉，连放在手边的蒲扇也不必再扇起了。

【散步】

西侧入口附近的视野较为开阔，只有大面积低矮的草丛，往前方的园内望去，树林更加茂密，光线也更加昏暗。沿着小路往园内看，树冠缝隙透出的光线洒在两位散步经过的长者身上。

邻近荷塘的步道上，几位女同志推着自家小孩，边与孩子逗乐边不时向凉亭看去。偶尔从塘边路过、散步或购物的居民，也忍不住放慢脚步，感受夏末秋初的荷塘美景。

【遛狗】

儿女要上班，孙辈要上学，狗狗变成了老人们新的陪伴。在青年园中经常见到这样的有趣搭档，老人悠闲走着，小狗活蹦乱跳，尽情享受大自然的美好。老人时不时喊着"别跑那么远"，但嘴角依旧挂着笑，小狗的活泼仿佛也给老人们带来了活力。

青年园的绿意时光中，
不只有那些年轻的面孔，
也有一颗颗年轻的心。
清晨前来的老人，
在这园内获得属于自己的一份安宁。

绿意盎然，
散步的老人逗弄着孩童；
树木成荫，
静坐的老人谈论着家常。

前有源湖为眼，
后有乔木为荫，
星罗棋布的石凳、座椅，
为老人们提供了丰富的社交空间。

无须宽阔豪华的大厅，
不必精心雕琢的桌椅；
无须远离嘈杂的静室，
不必让人惊叹的美景。
老人的需求很简单，
一棵大树，
几个凳子，
老友相聚。
有人的地方，
就有风景。

可是宁静之余，
多了份荒凉。
如此美景，
为何多被匆匆略过？
不再被使用的水景通道，
是否能为青年园的重生增添活力？
仅把青年园当作捷径的学生们，
是否有一天会不由自主地停下脚步，
与老人们产生新的互动？

地点的迁移，不变的淡然

秋季，早上
晴
武汉市，洪山区
华中科技大学永丰广场

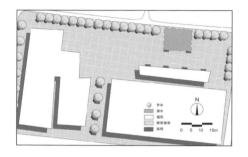

秋天的早晨，天气已转凉，带有丝丝暖意，道路两旁的树木遮挡了大部分的阳光。临近中午，校园里有了丝丝暖意，来来往往的人群多了起来。

永丰广场是华中科技大学内的一处小商业区，邻近校医院和多个居住区，是周边仅有的一块较为宽敞的场地。广场中心只有偶尔经过的路人，疫情期间没有了桌椅等公共设施，少有人驻足停留，这让广场显得有些凄清。

长方形的广场由十分平整的石材铺就而成。紧邻一侧道路旁长有约12米高的景观乔木，树木之外便是食堂和集贸市场的入口。广场中央设置了几个观赏用的花坛，边上零散分布着几个小店。

【聊天】

原来放置在广场中心的桌椅，已被搬至广场不起眼的角落，远远望去，有一群女同志坐在椅子上休息聊天，桌子上面是刚买的新鲜蔬菜，她们的举手投足都透露着一种悠闲舒适之意。

广场的另一角落，有一群男同志坐在台阶上聊天，有的还专门备了一个小板凳，高大的乔木遮挡了清晨的太阳，投下一片树荫，他们看着街道上来往的行人，谈天说地。

【跳舞】

女同志们穿着自己喜欢的轻便衣裳，说笑着走来。

过一会儿，广场上便响起了动听的歌谣。伴着向祖国表达生日赞美的歌儿，她们翩翩起舞，看来是在排练不久后的国庆节会演。

周围的人不禁探头观望，或是走到一旁驻足欣赏，这群老年舞者形成了一道靓丽的风景。

站在道路的一旁望去，发现有几个女同志在跳舞。她们大多身着便装，各自练习着动作，偶有交流切磋。

两位女同志跳舞时，剩下的一位就在一旁观看，时不时地提出一些意见，跳舞的女同志随之不断地调整舞姿。

走近细辨，只见女同志们扭动着身躯，挥舞着手臂，每个人脸上都洋溢着快乐的笑容。

迁移的广场设施，
空荡的广场中心，
热闹的广场角落，
鲜明的对比，
其中有什么必然的联系吗？

偌大的广场空间，
是否更符合老年人户外活动的需要？
对比广场的中心与角落，
似乎完善的休息设施，
更能满足老年群体的需求。

空间，疏张有致，
设施，丰富完善。
给予了老年群体休闲娱乐的便利性，
提升了户外活动的舒适度。

熙熙攘攘的路人，
充满烟火气的氛围，
置身其中的老人，
感知社会，
被社会感知，
体会到舒适感、归属感与安全感。

武汉的秋，
早晨温度不亚于夏季。
晨光下凉爽的树荫，
长者们是否感到安闲、舒适？
视野开阔、明亮的空间，
长者们是否觉得明媚、释怀？

路角一隅的停歇

冬季，早上
多云
武汉市，洪山区
华中科技大学
世界文化名人园

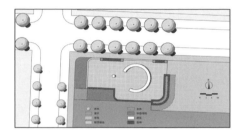

阴雨连绵数日，空气仿佛都能拧出水来，寒气直侵入骨。幸得今日无雨，然天色终是阴沉着，无半分放晴之意。置身于户外，阴天冥冥，凉意阵阵，湿气较前两日倒有所消退。

距华中科技大学南四门北面不远处有一个小广场，名为世界文化名人园。广场位于醉晚路与紫荆路的交叉口，广场南侧及西侧分布有大面积的湖水，湖面上的廊桥、亭子尽入眼帘。广场北侧为成片的教学楼，东侧为中部操场和篮球场。

广场形状几近矩形，与周边的人行道之间由两级台阶连接。广场内部置有一块景石及纪念性的弧形构筑物，边缘有一些种植池和座椅与紧邻的湖面相隔。

【散步】

天气转冷，广场上的老人都"全副武装"。户外活动的人数明显的减少，看不到老人的集群活动，只有几位女性长者伶仃分散。

一位女性长者身着粉红色羽绒服，在广场东侧活动。她一边来回走动，一边挥动手臂，独自锻炼身体。

另一位女性长者则沿着广场南侧活动。老人在广场中散步，一只手挎着装满药剂的购物袋，手插在衣兜中，另一只手拿着手机打电话，左右手来回倒腾，过一阵儿便换一只手在衣兜中取暖。

武汉的初冬，
阴天冥冥，
凉意阵阵，
湿气袭人。
阴雨天气的停歇，
吸引人外出活动筋骨，
人的心情都明朗了起来。

湖水清澈，
景色宜人，
湖中亭廊却无人问津；
路角一隅，
湖边广场，
只有简单的铺装，
却能引得老人前来活动。
广场内的老人，
多在活动身体，
少有在座椅上休息的。

寒冷的冬天，
老人对于户外景色的需求度并没有降低。
宽阔的场地，
更能满足老人活动的需求。

不同季节，
对应不同的老人活动诉求，
兼顾四季，
才能创造出宜人的适老户外场所。

4.2 校园生活区——高校中的日常生活

校园生活区包括师生宿舍区、校园商业区内的公共空间及设施，以建筑、道路周围的公共空间和绿地为主，是师生生活的主要场所。

校园生活区的建筑较为密集，人口也比较集中，各种设施的布置都是为了方便日常生活起居，为师生营造轻松舒适的休息环境 [35]。校园生活区的功能可以分为以下三点。

第一，美化居住环境。校园生活区空间的景观塑造直接影响到学生的生活和学习，良好的景观环境能给人留下深刻印象，能让该区域充满生活气息和文化内涵。

第二，提供生活便利。校园生活区空间布局宜多样，既有方便通行的交通性空间，也有供人停留休息聊天的公共空间，满足师生追求舒适方便的生活需求。大多生活区内也会布置一定的体育运动设施，方便师生们放松休闲。

第三，发挥生态效益。校园生活区内良好的绿化环境非常重要，在植物选择方面，以抗菌防病的净化类树种为最佳。丰富的植物能在区域内形成宜人的小气候，创造清新、舒适、宜居的良好环境。

校园生活区的活动内容通常会根据场地的大小，因地制宜布置，兼顾周边交通，兼具安静休憩与热闹活动的场所，为师生生活提供便利。校园生活区的活动内容大体可以分为以下三种。

第一，学习休闲。学生们常常会在宿舍附近开展一些小型活动，如班级活动、学习交流，因此，校园生活区在绿化时，既要保证合理的绿地率，又要适当留出一些开敞或半开敞的活动、休闲和学习的空间。面积较大的开敞空间可以作为休闲活动场地，面积较小的静谧空间可以是学生学习的场所。

第二，观赏游憩。为营造良好生活环境，将自然融入生活，校园生活区的环境绿化较为重要，植物配置选择学生喜闻乐见、具有较高观赏价值的树种。有些空间可以设计成植物专类园，作为师生游赏的小型景点。

第三，运动锻炼。校园生活区也可以成为师生运动锻炼的便利场所，比如学生们可能常在宿舍附近打羽毛球，年纪稍长的教工人员常在健身器材附近活动，这些浓厚的运动氛围，都为生活区带来活力和生气。

校园生活区选用湖北省武汉市华中科技大学喻园小区广场、康园教师公寓、东一区学生宿舍和集贸市场等案例。在教工居住区附近，老年人群出现的频率非常高，他们往往聚集在健身器材附近；商业设施附近的使用者也以老年人群为主。

人文情怀

夏季，早上
晴
武汉市，洪山区
喻园小区广场

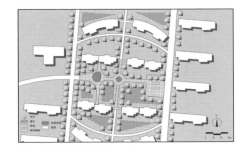

初秋的早晨，闷热中夹杂着丝丝清凉，夏天的蝉在鸣唱着秋天的歌，年轻人还在呼呼大睡，老人们已经行动起来了。在老年群体的带动下，小区各个角落都充盈着热情和活力。

喻园小区广场的主要活动地段由三个部分组成，分别为中心景观广场、儿童游乐区及运动锻炼区。

矩形的广场也由三部分构成，构成环形的两段低矮灌木将小广场分割开来，形成了三个不同的区域。针对老人不同的心理、生理需求，这三个区域包括南部林荫下的石凳休闲空间、中部长条廊架下的聊天与棋牌空间、北部相对私密的步行与休憩空间。

【散步】

停车场人迹罕至，却有一位老人在附近散步。
区内设置了环形路网，通达性十分好，无论漫步何处，都能与其他散步的人相遇，甚至可以忽略停车场堵塞的空间、中心广场嘈杂的环境，满足老人的社交需求。

行走在小区中，无障碍坡道、长缓坡、通达的交通、丰富的植被景观等，随处可见。
小区透露着爱与人文关怀，也是对老人心理需求的一种满足。

【带小孩】

在靠近中心广场的游乐区，老人们带着自己的孙辈，或围坐在一起讨论着各自的孩子，或在一旁关心着孩子们的一举一动。女同志都耐心地叮嘱小孩子们不要跑远，而男同志则在一旁安静地看着他们并安详地笑着。女同志的关切言语，男同志的安静守护，都是对孩子们不同方式的爱。

【观景】

广场一侧的座椅上，一位男同志放松地坐着，扭头观察周边的人和事。旁边坐着他的孙女，孙女目不转睛地盯着屏幕，两人距离那么近却没有一句交流。这位男同志的休闲方式与周边的老人截然不同，但或许这是他自己喜欢的方式。

【聊天】

还是那片熟悉的座椅，却是不熟悉的场景。老人们有的坐成一排，有的则推着轮椅聚过来，开着属于他们的座谈会。讲到激动处还仰头挥手，俨然一副热血青年的模样。

【康复活动】

秋日的午后，一位女同志用双手慢慢托起另一位女同志的双臂，嘴里还哼着悠扬的歌声。走近一看，原来这位女同志是在帮自己行动不便的母亲进行肢体锻炼。她温柔地托起母亲的手臂，并陪着母亲在树荫下小心翼翼地移动，伴随着轻快的歌声，母亲的脸上露出满足与幸福。曾经自己用心呵护的女儿，正在耐心地陪着自己变老。

【棋牌活动】

走着走着，突然听到"哒哒哒"的撞击声，走近一看发现女同志们在牌桌上"挥斥方遒"。由于小区内部桌椅不够，她们便从各自家里搬了椅子与桌子，拼拼凑凑便促成了一桌麻将。她们一边观察着牌桌的动向，一边拉着家常，好不热闹。阳光透过层层枝叶，光影落在她们身上，场面十分温馨。

【器械运动】

走进小区大门，向小广场方向直走，便能看到道路边有中老年叔叔阿姨在健身，健身之余时不时地寒暄两句。还有一位老阿姨坐在健身器材上低着头玩手机，可能是健身累了休息片刻。

【聊天】

再往前走，看到树荫下有四位老人，他们面对面交谈，情绪激动的时候还挥舞着双臂表达自己的感情。

可能是在交流最近遇到的好事，也可能在"老夫聊发少年狂"，总之与人交谈能使他们精神焕发。

【舞扇与打拳】

随着时间的推移，太阳逐渐往上爬，天气炎热了起来，但身处树荫庇护下的小区，依然令人感到清爽、舒适。

继续往小广场方向前进，可以看到中老年阿姨们聚在一起。到达广场后，可以看到广场上有一群衣着鲜艳、手持飘逸粉扇的女性长者在交流着舞扇心得。她们声音洪亮，交谈甚欢，通过观察可以发现，她们正在学习一种新的舞扇舞姿。

在广场右边的小路上，也聚集了一群中老年阿姨，她们像世外高人一样在集体操练着某些招式，动作缓慢却感觉力量无穷，仿佛周围有一团暗流在环绕着她们，随时能把别人吞噬。

如果说舞扇的阿姨们是仙女下凡，那打拳的阿姨们就是侠女修炼，一文一武，一柔一刚，别具趣味。

一半欢喜，
一半忧愁，
同样有人陪，为何天差地别？
有些陪伴是用心而为，
有些陪伴却只是亲情牵绊。

广场、健身场、游乐场，
看似合理的功能布局，
却让年事已高的爷爷奶奶站在一旁。

小区里的年轻人行色匆匆，
最能感知此空间的只有老人们，
中央的小广场是一个新舞台，
在这里，他们本能地继续挥洒热情，
但配备的设施，
破碎了空间、挤占了舞台，
唯一的乐园七零八散。

老人们都有被社会认同的心，
岁月的磨砺反而使他们更加羞涩，
只能独自矜持稳坐。

宽阔无遮挡的广场，
低矮的树丛，
即使在阴天，
也能给老人通透之感。
合理的楼间距，
合适的树密度，
即便是依旧炎热的初秋，
也能给老人留下一抹阴凉。

他们需要这个契机，
感受自己的社会价值，
挽留自己的人文情怀，
在生命长河的末端，
掀起永恒壮丽的波澜。

锻炼之乐

秋季，下午
晴
武汉市，洪山区
康园教师公寓
路口、广场

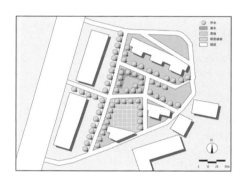

晴朗的天气，尽管秋老虎的燥热势不可挡，习习的微风还是给人们带来了丝丝舒爽。夜幕降临，小区的路灯亮了起来，各家各户的灯也陆续被点亮。人群的聚集使得小区愈加热闹。

小广场位于五栋高耸林立的大楼之间，大楼的环绕使得中间的广场与城市相隔开来，马路上的喧嚣和城市的繁忙仿佛都远离而去，这里成为居民们放松休憩的场所。

小广场的东西两面都有小片绿化；广场西面的小场地布置有健身器材供人们锻炼；中间是分布均匀的树阵，花坛边缘还提供座椅供人们休息；东边一侧是被草丛包围的小凉亭，为带孩子的老人们提供了聚集聊天的场所。

【聊天】

刚刚步入小区，路口处就传来了阵阵欢声笑语，空气中弥漫着愉悦的气氛。五点多的时候，余温还未散尽，已有三三两两的老人搬着小板凳坐在小区楼下闲谈家常，路过的老人们也会驻足与他们聊上一会。

老人们或坐在绿化灌木旁的座椅上，或坐在树池边缘上，聚在一起闲聊，增进彼此之间的交流。

【器械运动】

再往小区中心就走到了一个小广场，因为天气较热，小广场上的老人比较少。个别老人已经开始锻炼，从锻炼的器械来看，他们都比较重视腿部的锻炼。老人们看起来悠闲而轻松，一边锻炼着，一边闲聊，不时发出爽朗的笑声。

【招租】

再次步入小区，路口处有更多的老年人在闲坐，旁边还放着一些招租的广告牌，老人们一边闲聊一边等待着租房子的客人们前来。

路口处的两栋公寓大部分被改造成了出租屋，居民们多居住于西边小区。

【带小孩】

健身器材旁，老人们靠在器材上照看着攀爬器材的小孩。广场入口处，一位老人牵着孙女向外走，小女孩走累了，老人就抱起小女孩朝回走。

继续往小广场走，便能听到孩童的嬉戏声，广场两边有不少老人闲坐着，他们一边聊天一边招呼着在广场中心玩耍的孩子们，提醒他们注意安全。

同一地点，
不同时间，
老年人群的集散，
是什么因素在作用这一切？
自由与规整的对比，
热闹与清冷的分界，
哪种环境能为老年人带来更多的温暖？
相对封闭的空间，
略显凌乱的界面，
被社会感知的诉求，
又将如何一一实现？

转弯之后，
便是另一天地。
几句笑语，
一番闲谈，
随着身体的摆动，
心也随之灿烂，
老年人在锻炼与闲谈中，
感受归属、存在与快乐。

夜幕降临，
路灯柔柔地亮起，
流沙铺就的银河斜躺在青色的天宇中，
初秋的风为老年人带来更加舒适的环境。
孩子们在广场中追逐、嬉戏，
这份活力也感染吸引着老年人。
黑夜与灯光渲染的温暖氛围，
带给了老年人更多的安全感，
他们更加自如地在这里聚集。
人群散去，带着笑意，
每个人都落入了软软的梦里。

健康运动

秋季，早上
晴
武汉市，洪山区
华中科技大学
东一区宿舍广场绿地

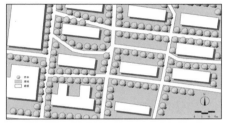

秋季的早上，学校宿舍区低矮的平房旁有许多老树，树木枝节交错，密密麻麻的叶片遮天蔽日，带来阵阵凉意。

场地位于华中科技大学东一区宿舍周边。步行至这块绿地就会发现，这里很少有老年人出现，大部分老年人更愿意搬出一把椅子坐在一楼的门前闲聊。

主要活动广场位于宿舍区的中间位置，被高大的树木覆盖。因为年代久远，地面的草被已经所剩无几，只有两条供人步行的小路和零星分布的石头桌椅。

【闲坐】

房屋前坐着不少老年人，比起待在室内，大部分老年人更喜欢坐在开敞的店门前，有时还会和路过的熟人交谈，但更多时候却是独坐。
其中一个门前聚集了几位阿姨，她们穿着不同颜色的衣服，闲坐在门前，安静地看着远方，仿佛在思考着什么。

【打乒乓球】

另一边还有在自家院子的乒乓球台上打球的一对夫妻，年纪在五六十岁，看起来活力满满、兴致盎然。

135

【聊天】

开阔的广场上看似空无一人，仔细向角落望去，就会发现长者们聚集的身影。有的是刚从集市买完菜，一边休息一边家长里短地闲谈；还有的是刚刚晨练结束，坐在树荫下的台阶上静静乘凉。

由于疫情，原本广场上的休憩桌椅都不见了踪影，只剩下角落里的零星几个，老人们只能坐在广场边缘休息聊天。

【散步】

夏末之际，武汉的太阳依旧热情不减，早晨八点就展现出朝气蓬勃的姿态，还好路边高大的乔木能为路上穿行的老人们提供荫凉。

穿过广场来到马路对面，可以观察到老人们陆续路过的身影，这条马路是机动车道，但早晨还没有很多机动车，这便为老人们的出行活动提供了便利。老人们的通行活动多种多样，有骑自行车健身晨练的，有驾驶小型三轮代步车出行的，还有用电动车载着老伴一同出门的。

这个时间，大多数年轻人还窝在房间里睡着懒觉，但老人们已经踏上了各自的生活轨道，在自己独特的生活节奏里，开始了比年轻人更加朝气蓬勃的一天。

热闹的集市，
静谧的广场，
动与静的鲜明对比，
生活的不同色彩都交织在这片空间中。

武汉的夏，
从来都是热烈甚至猛烈的，
长时间毫不退让的骄阳和高温，
常常让人喘不过气。
浓密的树荫、清新的空气，
为老人们提供了相对舒适的环境，
让他们的身心得到满足。

宽阔的道路，
规整的广场，
空间的形态紧密连接，
道路就像交错汇集的水流，
将人群引向繁华的集市中心，
人声鼎沸。

暮年，归于沉静，
夕阳，依然热烈，
老年人们需要安静的环境休养生息，
也需要热闹的场所与社会亲密相拥，
动静相宜的生活才最宜人。

在这里，过往的行人络绎不绝，
有行色匆匆的上班族，
还有青春逐梦的学子，
而老年人们，
在自己独特的生活节奏里，
悠然自得地行走着。

集市的日常

秋季
晴
武汉市，洪山区
华中科技大学
集贸市场

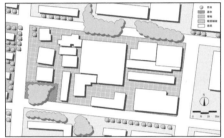

【买菜购物】

早晨的集贸市场，果然好不热闹。集贸市场大厅的层高较高，可以引入大片的自然光，室内宽敞明亮。集贸市场两侧均设有明沟下水，除水产区外，地面大都干燥明净，总体上给人卫生、舒适的体验。

集贸市场中心有一架轮椅，一位老年人正扶着扶手、费力地步行。不禁思考：若是能够让老年人在无障碍的交通条件下享受购物的便利和市井的活力，他们的感受和体验一定会更好。

老人结伴或独自出行，或手提布袋或拉着小推车，或开着小小的代步车，悠闲行至集贸市场，准备迎接新的一天。

秋高气爽的清晨，是忙碌而充实的生活的开始。华中科技大学集贸市场附近，来往的人群熙熙攘攘，狭窄的道路上挤满了送小孩上学的私家车。

集贸市场位于华中科技大学的中轴线上，其北侧为校医院，南侧为附属小学，周边其他地段大都为住宅楼。因此，集贸市场为周边居民提供了很大便利。

有一小广场位于集贸市场东侧的喻园餐厅对面，这里曾经摆满了供人停留歇息的桌椅，因为疫情，桌椅已经全部被移走，但还是有不少人聚集在附近。对于附近居民来说，这里是一个难得的白天闲谈、晚上运动健身的宝地。她们用武汉方言聊着家长里短，孩童在旁边嬉戏。

喧闹拥挤的集贸市场里，老人们先后买菜，有两位老人驻足在市场门口聊天，聊一些生活的琐事，旁边还有一位保安，正对人们做着安全检测的工作。

集贸市场内部基本涵盖了可购买全部日常所需的小摊和商铺。不仅有学生来这里购买生活用品，还有许多住在周边的退休教职工来这里买菜、与老朋友们会面、聊家常等。

走进集贸市场内部，入眼便是熙熙攘攘的人群和菜肉摊，迎面走来一对刚刚买完菜回来的老夫妻，满载而归的装菜拉箱便是证明。老奶奶提着菜，老爷爷挎着包，这场面是大多老年夫妇在菜市场买菜的温馨场景。

年迈的老人大多拉着轻便的小推车，初入暮年，身体还算强健的老人则两手空空，直接走进菜市场。

有的老人干脆地买下蔬菜，有的老人则在菜摊前纠结许久，与摊贩就菜价开展你来我往的"斗争"。

旁边休息长椅处，有五位老人坐着休息闲聊，还有一位带着小孩，边闲谈边照看着小孩。

通往集贸市场的路边转角处，有位老爷爷骑着电动车载着老伴。两位老人还不时地交流几句，车篮里装着刚从集贸市场买回来的菜。

【闲坐】

树丛旁的石阶上，微弱的灯光映照在老人们的身上。除了飞虫的嗡鸣，其他的喧嚣都暂时消失了。有位老人双手合十，架着腿，沉默着，抬首好像望着无尽的夜，他独自享受着属于自己的那一份闲暇和宁静。

市场门口有一个长椅，一位买完菜的老人坐在上面休息，道路两旁种植着高大的乔木，为老人们的休息停留提供了良好的环境。

广场旁和道路边都屹立着高大的乔木，给广场边角留下些许荫凉，不少人停留在广场的边缘，或坐或站，开启一天的社交活动。

广场南侧有几个桌椅，在那儿聚集了几位五六十岁的女同志，她们着装随意，随身带着竹扇和水杯，坐在一起聊着家常。她们通常会停留到午饭时间。

西侧的台阶处站着几位男同志，他们大多弓着背、背着手，交谈的话题与女同志们相比总是天差地别，一些路过的、拎着菜的男同志有时也会饶有兴致地加入谈话，旁边便是停车场，有的男同志干脆坐在出行工具上加入谈话。

【带小孩】

带孩子的老人基本上分为两批，一批是带着稍大点的孩子，孩子们大概上幼儿园或者小学了，吃完早餐就送他们去不远处的学校开始一天的学习。

另一批是带着年纪尚幼的孩子，吃罢早餐便任由他们在集贸市场的台阶上玩耍，自己则与一旁好友扯些闲话家常，但目光却几乎时刻不离年幼的孩子。

周边商铺前，有位家长带着小孩在练习骑自行车。小孩渴了，家长便去商店里买来了水。但小孩好似忘了自己还戴着口罩，直接仰头喝水，水全洒在了衣服上，哇哇大叫，天真可爱的模样令人忍俊不禁。

附近有位老奶奶边休息边照看着小孙儿。小孙儿在奶奶跟前奶声奶气地嬉戏表演，逗得奶奶直乐呵。

上前与老年人聊了几句，得知他们的子女工作都比较忙，有的还在外地，把孩子留给了他们来照看，也能排解老年人的孤独。有的老年人还养了小狗，儿女在外，只有宠物陪着。

天色渐晚，老人们陆续回去。一对夫妇走在小路上，不时发出阵阵的笑声。老来白头有人伴，想必一定很幸福。

【聊天】

买完菜，遇到老熟人，老人们必然会停下来聊上一段时间，聊聊各自买了哪些菜，聊聊午餐如何准备，聊聊自己的儿女与孙辈……不知不觉时间流逝，老人们话家常的时间，比买菜的时间还要长。

入夜后，有位女同志带着孩子走到一旁，与另一位带着孩子的女同志聊天，分享一天的见闻。欢愉的夜晚为这忙碌的一天画上圆满的句号。

【跳舞】

跳舞是件有趣且不累的事，能够活动筋骨、抖擞精神，让老人们退休后的生活不再乏味。

几位老人应当是好朋友，相约着来一起跳舞。他们寻得了一片荫蔽之处，伴随着舒缓又动感的音乐，一边翩翩起舞，一边闲聊家常、交谈说笑。

男性长者们则散在另一旁，坐在台阶上，或是休息闲聊，或是独自玩着手机。其中，一位男性长者实在难耐闷热，稍稍撩起衣服下摆透会儿气。

此外，路上行人很多，即使是匆匆路过，也忍不住在匆忙中看看老人们跳舞的场景再离开。

【棋牌活动】

疫情之前，广场为老人们提供了桌椅。因为年龄的限制，老人们难以长期站立，这些桌椅便成为他们日常交谈的好去处。路过的老人也会被坐着的老人们喊来加入聊天。遮阳伞的存在使得这些座椅使用起来十分舒适。

老人们围坐在一起，三人成组打着牌，不时传来阵阵笑声，玩得不亦乐乎。

还有几张桌子上摆着棋盘，两位老人端坐对面，各执一子，陷入鏖战。"上象！""拱卒！""将军！"几声口令一出，胜负已分，观战的老人们也发出声声赞许。就在这时，一位女同志出现，将观战正酣的老伴喊回了家，男同志脸上露出遗憾不舍的神情。

【听广播】

不同于年轻人，坐在檐下听广播对于在这里居住的老年人来说，是一件时尚而有趣的事情。

走到门前坐好，备另一把椅子给自己的老友，打开广播悠然听着，等老友坐过来一起听听国家大事、身边小事，再高谈阔论一番，哪儿还有比这更舒适的活动呢？

【聊天】

武汉的初秋仅仅是让一天中的炎热来得不那么迅猛，但半晌午的时候，太阳仍旧烤得让人受不了。不过在绿树成荫的住宅区内，依然残留着清晨的一丝丝凉意。

快到中午，气温逐渐炎热，正当我们准备离开之时，一位在外乘凉的老人主动叫住了我们。

老人说自己的丈夫是军人，她是小学老师，两个人有较为丰厚的退休金。

我们问道："您为什么住在这里呀？"在我们看来，这里的房子低矮老旧，墙皮都脱落了，似乎不是理想居所。

但老人完全没有注意到这些，反而很骄傲地告诉我们："住一楼可好了，前几天附近有个婆婆爬楼梯摔下来，人就没留住，电梯房她也不敢住，怕看不清，按错按钮找不到家，更怕电梯停电会关在里面。而且这附近什么都有，只要不是胡吃海喝，想吃什么就能买什么，离医院也近，看病不愁……"

老人滔滔不绝地说着，都是生活中最简单、最淳朴的事。我们总是想得太多，要得太多，也顾虑得太多，也许只有当年华慢慢逝去，各种浮华的表象渐渐沉淀下来，才会露出生活本真的模样吧！

晨风吹拂，
夜幕被黎明揭开，
老人们可能是这片阳光下最先苏醒的人群。
走出家门，
与摊贩砍价，
与老友交谈。
在清新的空气与金色的阳光下，
以愉悦的心情，
开启集市日常闲适的一天。

当暮色降临在大地，
灯光亮起，
老人们外出散步。
迈向广场，
在往常的地点，
与邻居话家常。
在落日残照与月光朦胧下，
用安宁的姿态，
为一天的活动画下句点。

环境的简陋会阻止老人的社交需求吗？
其实并不会如此。
老人们会由购物这个单纯的日常需求，
衍生出更丰富的社交活动。
老人们会在没有座椅的广场上，
创造出台阶上的社交空间。

愿你生活乐趣均不误，
晚年动静两相宜，
一生妥帖被安放。

静谧的校园角落

冬季，下午
晴
武汉市，洪山区
华中科技大学东校区

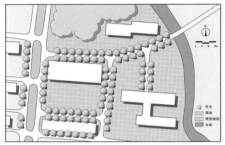

【观景】

在这条拥挤的小路上，有一个挂着拐杖的女性老者站在灌木丛前，树木的枝杈与东侧的高楼又围出来了小小空间，老人就这样静静地站着，眼神透过这丛灌木，仿佛穿越了无穷的岁月。

【聊天】

教工宿舍区域内，在一棵道路交叉口旁的大树下，站着两位女性长者，她们正悄声说着话，仿佛怕被第三个人听了去。周围很寂静，高耸的乔木遮蔽了天空，除了几辆临时停放的汽车，也没多少过路的行人，这算得上是一处分享秘密的绝佳场所了。

立冬过后，武汉的秋季依然处于超长待机状态，下午两点钟左右，太阳温暖明亮，华中科技大学东校区人声鼎沸，大家都默默地享受着这一天中最后的温暖时光。

华中科技大学东校区南侧为珞瑜东路，西侧为喻家湖路，西南邻居住区，北邻喻家湖，东靠马鞍山森林公园，一条湖溪河穿过校区。

东边的住宅楼前，香樟树舒展着枝杈，在这最后的秋日余温中，尽情绽放。树的枝干还有路旁停靠的车辆，让本来就狭窄的小路变得更加拥挤。

两排温暖的悬铃木，
树立在沿着操场的小路上。
金黄的叶子挂在枝头，
一路走过去，
一簇一簇的竹子时不时跳入眼帘，
然后铺开一片绿油油的草坪，
在太阳的照耀下，
叶子也反射着温暖的光，
红色砖墙的建筑，
在树叶的掩映下，
变得温柔了起来。

静谧的校园中，
老人缓步走来，
身后是恒久的温柔岁月，
眼前是鲜花飘零，
好物不长久，
美景难存留，
峥嵘岁月几多壮志，
难抵时光催人老，
光阴再不复返，
眨眼间到了这人生的银龄时刻。

相对安全的校园，
缺少供老人缓慢踱步的道路，
机动车零散地停在路旁，
本身狭窄的道路更加拥挤，
反应能力比较弱的老人，
更希望道路人车分流，
也许一些校园小路，
便是老人停留、休息与散步的理想之地。

147

街边的闲谈

春季,下午
多云
武汉市,洪山区
华中农业大学
梧桐路步行街

【跳舞】

街道的一个树池旁,一位老人家戴着口罩,穿着朴素,和站在她左侧穿黄色外套的一位年轻人交谈了许久,时不时还会有人给他们发传单。但是外界的环境并没有影响到他们,谢绝了发传单的人之后,他们继续交流了起来,氛围十分和谐融洽。

【带小孩】

在步行街的入口处,坐在板凳中间的一位女性长者,左手牵着小孩,看着前方,只是静静地坐着。在她的旁边,有一位老人家看着乐谱,双手非常灵活、利落拉着二胡,脸上充满了笑容,沉浸在音乐的世界里。

天气多云,温度较为适宜,非常适合人们出行游玩散步。

此处的街道位于华中农业大学校园内,周围有华中农业大学附属学校(小学和幼儿园),人流量比较大。

街道内店铺各式各样,有饭店、银行、超市等,能满足大部分人购物或者吃饭的需求。街道两侧每棵行道树都有相应的树池供人休息,街道较为宽敞,可以同时通过两辆汽车,在入口处有一些石凳。无论是节假日还是工作日,学生和教职工都会来这里吃饭或购物,到这儿消费逐渐成为人们日常生活的一部分。

【散步】

一位男性老人家身穿白色上衣，弓着背，戴了顶黑色的帽子，将自己裹得严严实实，非常隐秘，只能看见眼睛和耳朵，这样看上去似乎更有安全感。他双手背在身后，手上还拿了一个大袋子，迈着蹒跚的步伐在广场的台阶上缓慢地走着。

在街道的转角处，有三人并排一起散着步，其中最左侧的一位中年人相对年轻一点，站在中间的女性老人将手背在身后慢悠悠地散着步，最右侧的一位男性老人防护措施做得很到位，戴着口罩，右手挂着拐杖，从容前行。

在街道中间的位置，有两位老人一起散步。站在左侧的是一位身穿红色衣服的女性老人，头发已经花白；站在右侧的是一位身穿黑色衣服的男性老人，头发已经掉了很多。虽然已经年老，但是他们散步时仍然精气神十足。

校园里，
有着各种各样的空间，
塑造了师生丰富的生活。
商业步行街的两侧，
有着不同类型的店铺，
商品琳琅满目，
周围小区紧挨步行街，
短暂的步行即可到达，

街道上，
随处可见散步的老人，
结着伴一起，
既锻炼身体，
也相互交流、增进感情，
感受步行街热闹的氛围，
给孤寂的生活增添了乐趣。
散步散到累了，
一些树池和座椅，
即成休憩之地。

但是，老人街地的闲谈，
还需功能稍许单调的步行街，
增设一些景观，
丰富一些空间。

健康生活

秋季，傍晚
晴
武汉市，洪山区
华中科技大学醉晚路

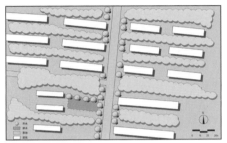

【散步】

一位老人拄着拐杖，步履蹒跚。每行走一段路就不得不停下来休息一会儿，用蒲扇给自己扇扇风，擦擦脸上的汗。

漫长的缓坡，一眼望不到头，长时间的行走，对老人来说是一种煎熬。设置一些休憩停留的空间，或许能给老人带来短暂的休息与慰藉。

【跑步】

一位老人头戴耳机，身着白色宽敞大背心和黑色休闲短裤，颇有一幅运动达人的架势，在人行道旁随着音乐律动，身形欢快。

过了三伏天的傍晚，没了盛夏炙烤的炎热。晚风中，微光里，醉晚路上树木葱茏，在晚风吹拂下肆意摇曳。

华中科技大学中的醉晚路是一条南北朝向的林荫路，区域周边为住宅楼，学生较少，主要活动人群为住宅区的退休教职工。

路两侧的乔木参天，为整条路带来良好的荫蔽空间，这林间大道也成了老人喜爱的散步场所。

健康的生活，
发生在不同的空间与地点，
老人活动的地方，
总在不经意间透出生气。

街巷的空间，
广场舞的场地，
除了适合漫步与跳舞，
还能被赋予什么意义？
街道上更多的停留场地，
随处可见的口袋公园，
是否可为老人活动提供更多乐趣？
为街道创造更多活力？

但是，对于暮年的长者，
穿过漫长的坡道，
回家的旅途是不是一种煎熬？
走在路边的人行道，
健身散步是否存在安全隐患？

迟暮不是衰老的定义，
老人自发寻找聚众的场所，
始终具有无限的创造力和想象力。
有限的校园公共空间，
可否体现出更为丰富的功能？

校园漫步

秋季，早上
晴
武汉市，洪山区
华中科技大学华中路

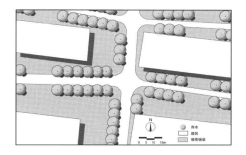

太阳初升，到了武汉秋老虎的季节，不过今天的"捂汗"还没有开始。"森林大学"的道路在树荫的遮蔽下，气温尚且舒适宜人。

华中科技大学校内的华中路与外界市政道路相比，车流量并不多。地段周边为住宅楼，在此居住的大多是退休教职工。

校园道路主要的人群活动空间是路两侧线性的人行道。由于时间较早，周边集贸市场面向学生开放的奶茶店等商店都没有开门，这为老人出行提供了相对安全的环境。路上的老人，提着采购的物资，女同志的数量比男同志略多一些。

【带小孩】

通往华中科技大学幼儿园和附属小学的路上，一位老人正在送孩子上学，她耐心地叮嘱着什么，言辞中满怀忧虑。

另一位老人接到了晚辈的电话，惊喜万分，停下脚步，放下手里的菜，努力地用普通话和外地的子女报平安。看似简单的老人机，却为她开启了一天的安心和快乐。

153

所谓暮年，
只是陈旧的定义，
老龄生活也可以充满活力。
大学校园里的老人们，
展现的是对生活的热情与笑语。

阴凉、安全的道路，
为老人的晨间出行漫步提供了便利。
与朋友的闲聊给了他们慰藉，
与晚辈的交流让他们喜悦，
若是有了更方便到达的美景，
美景周边若有更宽敞的休憩空间，
悠闲的早晨是否会变得更有生趣？

休憩的空间，
激发出更踊跃的畅谈；
开敞的空间，
容得下更活泼的舞蹈。
看似一静一动，
均是老人追求社交的愿望，
设计之外的"物尽其用"，
更显出他们一贯的银龄活力。

在市场，在餐厅，
明亮温暖的公共空间，
无形中给老人们的内心带来了充实和快乐。
考虑老人的无障碍设施设计，
更长一些的餐桌，
顺着室外台阶的座位，
宽度适宜的楼梯，
配备扶手的走道，
定会让那份快乐来得更加容易，
老年友好的设计，
就在老人的日常之中。

4.3 校园体育运动区——运动，引领健康生活

校园体育运动区主要包括室外体育场、器械运动场地，以及体育馆附属空间，常常被用来举办各种体育赛事、大型活动，也是开展体育教学、体育锻炼的户外空间，以美观实用、便于开展各项运动为营建目标。

随着健康中国战略的推进，现阶段各高校、中小学对体育设施的需求快速增长，校园体育运动空间的功能不仅仅局限于体育活动，正向着多功能复合的方向发展。校园体育运动区的功能可以分为以下三点。

第一，满足运动需求。在校园体育运动区中，绿化大多采用规则布置和较为简洁的形式，以运动草坪及疏林草地为主，常选择具有较强抗尘和抗破坏性的植物。运动场与外部道路、其他运动场之间以乔木或绿篱隔离，能够避免各项运动活动的相互干扰。

第二，提供娱乐场所。校园体育运动区除了用来开展各项体育活动，操场等面积较大的场地也是很多大型校园活动的举办地。运动场还应具备基本的休息设施，为师生们的休闲娱乐提供便利。

第三，提升校园活力。校园体育运动区内时刻进行着各项运动活动，对运动者本身来说，可以让他们保持身心健康和展现朝气蓬勃的精神面貌，从而促进校园活力的提升。

为适应大学校园多样化的趋势，不同的学校会按照规模设置多个体育活动区，往往包括一个标准的田径场地，以及服务于学生日常锻炼的普通运动场，灵活多变、方便快捷。校园体育运动区的活动内容大体可以分为以下三种。

第一，运动健身。运动健身是校园体育运动区的主要功能和内容，不同年龄段人群偏爱的运动方式略有不同。在学生中常见的运动有打篮球、踢足球、打排球等，在教职工中较常见的运动方式是跑步、散步，老人则通常借助健身器材来锻炼，或进行跳广场舞、散步等休闲活动。

第二，休闲娱乐。除进行体育活动外，面积较大的校园体育运动区也便于开展其他娱乐活动。很多学生们喜欢在操场闲

逛聊天，操场的中央草坪成为孩子们放风筝的场地。

第三，文艺活动。有些大型的校园活动常在操场举办，如运动会、歌唱比赛、社团活动等，通过这些文艺活动可以传播校园文化、弘扬体育精神，同样有助于校园运动空间的发展和完善。

校园体育运动区选用湖北省武汉市华中科技大学西操场的案例，调研发现，不管是晨间锻炼、傍晚带孩子，还是夜幕降临后的广场舞活动，学校操场上都不乏老年人的身影。

操场上的活力长者

秋季
晴
武汉市，洪山区
华中科技大学西操场

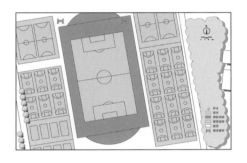

立秋之际，晴空万里。初升的朝阳挥洒着金色的光晕，慢慢铺满整个操场，与周围隐有鸟鸣之声的树林交相辉映，融合成一幅秀丽的画面。

西操场位于华中科技大学紫菘片区，西邻紫菘公寓，东南为教学区，北部为食堂、生活区，形形色色的人群已成为西操场平日里的风景线，其中也包括老年人群。

操场四周被植物围合，中间有一个大型足球场和红色塑胶跑道，足球场的西北角和东北角各有一处健身器械。器械区有很多前来晒太阳的长者们，他们有的带孩子来游戏，有的结伴打羽毛球，还有的独自一人散步。

【散步】

在红色的塑胶跑道上，几位女性长者身穿各种颜色不同、舒适宽松的便装，三两成群并排走着，其中有一位老人已经潘鬓成霜，却依旧精力充沛、神采奕奕，边悠闲地散步边与周围的朋友们交流，谈笑风生。

天气渐渐变凉，但操场上的人流依旧不减。中心足球场东北角器械区的爬杠前，有一块面积不大的硬质场地，一位男性长者悠闲地散步经过，他在格网前站立停留片刻后便前往别处。

【打拳】

几位老人正扎着扎实的马步，屏息凝神，拳法娴熟，柔和的动作透露出几分刚劲。在操场的树荫下，在足球场的中央，她们的身影分布在操场的各个角落，活力十足。

【放风筝】

在操场一隅，一位老人领着孙子，拿着手中的风筝线，尽情地在绿茵草地上挥洒汗水。老人虽看起来年长，但浑身精气神不衰。爷孙两人，共同展示出老幼群体旺盛的生命力。周围的人们也注视着这道亮丽的风景线。

【跳舞】

傍晚时分，经常见到一支队形整齐的广场舞队伍。伴随着音响传出的旋律，她们动作熟练，节奏感十足。队伍里大多数是女性长者，她们或是退休老师，或是职工，或是教师家属。无论是何身份，她们都踊跃地参与到这场运动中，环着跑道一遍遍地舞动着。

【带小孩】

中心足球场的东北角有一块器械区，单杠、双杠等器材整齐地立在沙坑上。长者们带着孩子在沙坑里和器械边玩耍。爬杠前一位男性长者托着孙女的手臂，护着她爬到高处。

沙坑边还有位女性长者安静地坐着，旁边的孙女拿着玩具铲子在沙坑里玩耍。

【器械运动】

中心足球场东北角的器械区有一位女性长者，她先是活动了一下筋骨，然后走到单杠前纵身一跃，双脚离地，双臂轻松地吊在单杠上。

【打羽毛球】

中心足球场的西北角也有一处器械区，一些不高的双杠立在沙坑上，旁边是硬质场地。两位长者在器械区东边的空地上打羽毛球，他们的衣服等物品搭放在双杠上。双杠下有一位小孩正在沙坑边玩耍。

不同的季节，
西操上的活力长者，
进行着不同的活动。
早上进行体育锻炼，
在怡然的清晨舒缓筋骨；
晚上跳广场舞，
在人声鼎沸的环境下伴乐舞动。

器械区是长者们的健身选择，
也承载着小孩子的好奇与挑战。
沙坑边有长者们的休息身影，
小孩子在沙坑里快乐地玩耍。
旁边的硬质场地上，
有长者们自发开展的球类活动。

不同活动空间虽并无干扰，
但欠缺适宜的空间设施。
对于偏好器械和空地来进行健身的长者们而言，
现有器械种类缺乏，
安全性不足。
看护小孩的长者们更愿意选择沙坑，
沙坑旁却没有舒适的休息设施。

活动空间满足了老人健身活动的需求，
群体活动激发了不同年龄的交流碰撞。
"流动观众"的存在，
增加了老人们所渴望获得的存在感。

温暖热闹的操场，
是长者们休闲活动的新场所，
最初从年轻人的需求出发的设计，
可以增加对长者需求的考虑，
精心划分活动区域，
细致增设休憩设施，
长者们就会找到属于自己的舒适场地。

5

街道公共空间中的银龄生活

街与道紧密结合，自然营造出了街道公共空间，成为城市居民生活中使用频率最高的公共场所[36]。街道空间通常为由街道一侧或两侧围合的空间。侧界面是街道空间形成的基本因素，其由连续的建筑物、植物或设施构成。街道两侧空间形成一种连续的空间组织和秩序性[37]。街道公共空间可分为街道广场、街道绿地和街道线性空间。

5.1 街道广场——活力银龄，多彩年华

街道广场在城市街道中呈"点状"布局，是城市居民在街道中日常活动的主要场所，是城市中最具公共性、最富艺术魅力、最能反映当地文化的公共空间，主要是为实现丰富多样的社会生活而建设，通常具有特定的主题。

街道广场往往呈现出功能多样性的特点，是充满生机与活力的公共空间。街道广场的功能可以分为以下五点。

第一，休闲娱乐。现代广场更趋向于为居民提供休闲娱乐场所，而非仅仅提供社会交往功能。街道广场可以在人们休闲娱乐之时激发社交行为，充分展现自身的活力，吸引更多人群使用。

第二，交通集散。街道广场是车流与人流的交通"枢纽"。以硬质空间为主的街道广场，能容纳大量的人群，可对人流量较大的地段实现分流，也相应提供了一定的停车面积，在一定程度上可以避免周边环境的交通阻塞。

第三，商业贸易。由于街道广场具有较大的硬质活动场地，能容纳较多的居民，因此，这里便为商业行为的发生提供了场所和机遇；特别是邻近商业区的街道广场，更有利于相关商业活动的举办。

第四，风貌展现。街道广场突出的标志物往往是很多外来游客对这座城市的第一印象，甚至成为一个城市的名片或象征。街道广场的景观设计、绿化情况、养护管理都能反映出城市的社会经济发展水平。

第五，文脉传承。现代城市建设越来越重视地域文化特色的保护与传承，街道广场也逐渐成为地方文脉展现的载体，文化内涵的展现成为街道广场设计的主流。融入文化符号，延续历史脉络，不仅能展示城市特色，也能激发居民们的故土

情怀和归属感。

街道广场的活动内容以大众需求和人们的行为特征为导向，为人们提供了放松、休憩、游玩的公共场所，为多样的活动提供可能性。街道广场的活动内容大致可以分为以下六种。

第一，休闲娱乐。硬质活动空间较大的街道广场能为孩童游戏、成人社交、老人漫步提供场所，也是许多演艺、集会活动举办的适宜场地。

第二，观赏游览。街道广场代表着城市的面貌，在景观设计方面通常较为出色。在花坛、雕塑、喷泉等景观小品设计中，有时会融入创新元素，吸引人们驻足观赏。

第三，安静休憩。为满足人性化设计，方便人们随时休息，街道广场上休憩设施布置得较多，座椅为较常见的形式。有的布置在开敞空间，有的布置在私密空间，满足不同人群的休憩需要和空间体验。

第四，运动健身。在街道广场上开展运动类的活动逐步成为主流，大多数街道广场都会布置健身器材，足够的硬质场地成为青少年玩滑板的绝佳场地，也为其他人徒步健身提供空间。

第五，文化教育。街道广场人流量和使用频率较大，因此会设有宣传栏、宣传标语、文化雕塑等设施，达到政治文化宣传的目的，在潜移默化中弘扬新时代新思想，引导人们树立正确的价值观，提升文化自信。

街道广场选用四川省都江堰市岭秀都江广场及水文化广场、湖北省武汉市光谷广场、河南省郑州市中心广场等案例。调研发现，广场中的老年人群数量相对较大，人群聚集现象明显，社交性等动态活动较多。

藏在街角公园里的快乐

冬季，下午
晴
都江堰市
岭秀都江广场

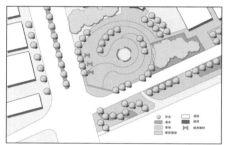

【带小孩】

恰巧是幼儿园放学的时间，广场上聚集了许多带小孩的老年人，他们大多聚集在雕塑周围，有的一边抱着孩子一边聊天；有的坐在椅子上看护着自家孩子攀爬雕塑，时不时叮嘱他们小心。

【晒太阳】

因行动不便而坐在轮椅上的老年人，待在广场的边缘树荫下，一边晒着太阳，一边观察着广场中发生的活动，内心平静地感受着生活的喜悦。一位女同志推着一位更年长的女同志，从广场边缘缓慢走过，目光注视着广场内部，仿佛想加入他们的活动

下午四点左右，阳光温暖舒适，蔚蓝色的天空一尘不染，让人心情愉悦。

场地位于都江堰市岭秀都江小区外，文荟路与柏条河北路的交叉口处。广场南面靠近柏条河，另外三侧均为居民区，其中东侧有一处幼儿园，平时会吸引许多老年人来此活动。

场地为圆形的下沉式街角广场。广场西面和南面均有台阶和坡道，增强了广场的聚集感，空间向中心收拢；四周有花台树池及休憩座椅；广场中心有一处雕塑，雕塑四周同样放置了休憩设施。

藏在街角的小广场，
面积不大的街头广场，
成了老少皆爱的活动场所，
小孩子找到了玩耍的伙伴，
老年人找到了聊天的对象，
长幼都能交到新朋友。

久病缠身的老人，
行动不便的长者，
趁着冬日的暖阳，
来感受生活的气息，
寻一个安静的街头角落，
默默感受生活的热闹。

小小的广场，
藏着老人儿孙绕膝的喜悦，
藏着老人对热烈生活的渴望，
藏着老人们共同的话题，
藏着人与场所和谐共处的秘密。

做生活的观众

春季，下午
多云
都江堰市
水文化广场

立春之后，天气渐暖，老年人们更爱出门活动了。

场地为都江堰市水文化广场，位于都江堰大道和三江路的交叉口处。

广场平面呈梯形，中心有一处三角形的喷泉广场，南面和东面分布着树阵广场，其中东面的树阵广场下设置有花台，可供人休憩。北面是一片观赏草坪，草坪被宽度大约为1米的条形道路分割成七块。空间被明显分割成草坪广场、喷泉广场、树阵广场三块。不管春夏秋冬，这里都是老年朋友活动的主要场所。

【跳舞】

在树阵与草坪之间的平坦空地中，几位女同志将外套脱下放在前方的草坪上，站成一排，一身轻松地活动着，有的打着呵欠，有的双手叉腰，有的凝视远方，大家都等着音乐响起开始翩翩起舞。

另一处更开阔的场地中，长者们正跳着交谊舞，女同志们飘逸的裙摆随舞步飘动着，像一只只飞舞的蝴蝶，成为广场上耀眼的风景。

【观景】

树阵广场下的座凳上，分散地坐着正在休憩的老人，有的正和朋友开心地聊着天，有的静静地观赏着广场中翻飞的舞者，还有一些长者站在树阵广场的边缘观赏着，仿佛想要加入舞蹈的队伍，人来人往，好不热闹。

喷泉广场的边缘围着一圈带花池的栏杆，几位男同志穿着黑色上衣，有的倚靠着栏杆站着，有的直接坐在栏杆上休息。他们正愉快地聊着天，时而看看旁边广场上正在跳舞的人。

在另一处的广场边上，一群人围坐在一起，在立春之后的暖阳下晒太阳是一件非常幸福的事。老人们带着自家的孩子其乐融融地在广场上晒太阳，跑来跑去的儿童让看管的大人们都露出了开心的笑容，享受着天伦之乐。

丰富的广场空间，
多样的文化生活，
老人们在这里，
收获了不一样的生活体验，
为生活的观众。

跳舞是这里最受欢迎的活动。
开阔的空间，
是长者们的舞池；
树下的座凳，
是长者们的看台。
他们相互欣赏，
但互不打扰。

模糊的边界，
使空间相对独立，
各自的活动互不影响，
但这种边界，
又能让两者相互对话，
动与静的交流，
丰富了长者们的文艺生活。

广场上的匆忙与惬意

秋季，早上
多云
武汉市，武昌区
湖北剧院前广场

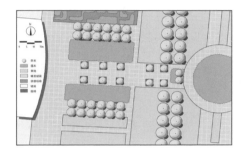

秋季的清晨带着一丝凉意，广场外围浓绿的树丛让人内心平静，穿过层层树丛站在广场边，视野顿时开阔，鲜艳的圆形花坛让人眼前一亮。

湖北剧院位于东西向轴线的最西端，附近还有黄鹤楼、辛亥革命博物馆等人气较高的景点。矩形硬质广场穿插其中，成为长者们赏景游玩后的休息场地。

广场内的绿化以树阵和绿篱为主，在植物的围合分隔作用下，中部的通行空间开阔通畅、边缘停留空间静谧舒适，树下成排的座椅增加了舒适性。

【买菜、购物】

广场西侧与剧院相接的通道上时不时会有穿行的女同志们，她们大多背着挎包、三五成群，显然是购物后路过，手里还拎着刚刚购买的新鲜蔬菜。

【散步】

通道上偶尔还会有男同志们散步路过，他们同时扭头看向广场，可能是被艳丽的圆形花坛所吸引，也可能是在观察站在花坛边拍照的女同志们。

【看报】

广场北边的树阵座椅上，一位男同志手里捧着一沓厚厚的报纸，低着头聚精会神地看着，貌似没有被周围环境的嘈杂所打扰。

【玩手机】

广场北边另一位较年轻的女同志独自坐着低头玩手机，脚上穿着白色运动鞋，好像在等待朋友，即将开始一天的出游。由于广场是附近较容易识别的集散场地，朋友间的相约大都在此。

【摄影】

广场南边有一位没有戴口罩的男同志，他把手机举到跟视线平行的高度，可能是在拍照，也可能是因为眼花看不清手机上的内容。

【闲坐】

广场南边还有一对夫妻面朝剧院建筑并排坐着，两人共同目视前方，他们之间没有任何交流，但都在默默地感受着周围环境的静谧与安详。

忽忙与惬意在广场相遇，
多条景观轴线在此汇聚，
多重文化在这里显现。
从昙华林、黄鹤楼公园，
到辛亥革命博物馆。
从巨大的圆形花坛，
到宏伟的剧院建筑。
轴线通达而又不乏变化，
树阵广场镶嵌其中。
开阔的视野中，
历史建筑各具特色。
广场中也不乏安静舒适的角落，
茂密的枝叶连接成片，
浓绿是广场的主调，
深红的木座椅点缀其中，
红绿配色更显古朴。

游客个体拍照与群体参观，
热闹非凡。
长者们选择在座椅上休息，
或认真地读着报纸，
或静静地坐着观察四周，
不声不响，
却展现着岁月沉淀的坚定。

老城区的此类公共景点，
容纳着大量老年群体，
拥挤热闹的打卡景点，
更应是老年群体的户外生活场地，
动静区域的合理划分，
活动场地的优化布局，
休息设施充分配置，
都应是街道广场关怀老者设计考虑的问题。

广场中的斑斓生活

秋季，晚上
阴
武汉市，洪山区
光谷广场综合体广场

晚上九点多钟，秋季的夜晚较为凉爽。

广场的东西边界分别为商场建筑和地标构筑物，南北侧被道路围合，路边的行道树将视线阻挡。内部主要是大面积的硬质广场与少量的规则花坛，但几乎没有休息设施，东侧通过台阶与商场出入口衔接。

附近场地都在夜幕里黯淡下来，只有这处广场依旧热闹非凡、光线炫目。白天这里是集散通行的广场，夜晚则是长者们交流切磋的舞池。场地被跳舞的长者们划分为南北两侧，两侧开展的舞蹈活动也各不相同。彩色灯光下，各年龄段的人群在此聚集活动，音乐声、交谈声、欢笑声在耳边交织环绕。

【跳舞】

广场北侧的集体舞队伍只占据了三分之一的区域。由于没有灯光设备，只能借助广告牌的灯光。这里比其他区域更为昏暗。

跳舞的长者们排列成整齐的方阵，前边站着一位年轻的男教练。队伍中的人大部分为女同志，她们穿着整齐的红绿队服，在教练的指导下时而挥动手臂，时而踮脚踢腿。

【跳舞】

广场南侧的另一个舞队规模更加庞大，
设备也更为齐全，彩色灯光在地面上映
出各种样式的图案。

队伍中男女同志的比例不相上下，除了
长者，还有很多较为年轻的同志。他们
大都两两成组，伴随着音乐声翩翩起舞。

长者们成群结队地来到这片熟悉的广
场，划分出各自的舞区，混杂的音乐在
这片场地中响起。

有的跳健身操，有的跳交谊舞，还有的
跳民族舞。长者们在舞蹈中寻找到了自
己的快乐，同时也找到了自己的价值。
当有行人路过时，长者们仿佛跳得格外
认真。

【聊天】

交谊舞队伍东侧的五级台阶上是他们的
中场休息区和物品存放区，有的放把座
椅坐在这里休息，有的则直接坐在台阶
上，旁边还摆放着各式各样的物品。

有两位较年轻的女同志，刚刚跳完一段
舞来到台阶上休息，其中一位女同志还
没坐稳就跟同伴聊了起来。

【闲坐】

靠近人行道路边的树池花台上，有几位年长的清洁工在休息，马路对面走过来一位黑衣长者，他似乎与这几位年长的清洁工熟识，边打招呼边走了过来，停在了他们面前，几位清洁工长者一边谈话，一边望着远处珞喻路上的灯光出神。

【聊天】

刚离开光谷广场综合体旁边的小广场，转个弯就来到了珞喻路上的一个带状广场，广场中间是二号线地铁站的一个出口，走两步就来到了小区门口。广场与人行道有着大概半米的高差，一位女性长者坐着自己的小马扎，背后是种着灌木的树池座椅。她和站在坡道上的一位男性长者在聊天，两人面色认真，好像在探讨重要的大事。

【散步】

湖北省五建小区的南门，东边是成排的商铺，商铺旁边是一条带着栅栏扶手的路，头发泛白的一对夫妻走在路上，不时地往商铺的方向张望，头顶是路灯打下的柔和暖黄色灯光，老人右边是川流不息的车流。车行道与人行步道被高差和栅栏巧妙地隔离开来，故老人能在这里慢悠悠地散步，享受悠闲的饭后时光。

秋季夜晚来临，
公路上依旧车水马龙，
商场却少了人来人往。

一些缺少人气的硬质广场，
显得格外空旷安静。
但一些平整宽敞的广场，
正是长者们开展活动的绝佳场地。
他们在这里自得其乐，
跟着队伍学集体舞，
拉着舞伴跳交谊舞，
炫目的灯光，
欢快的节奏，
将原本黯淡的广场点亮，
不同身份背景的长者们，
在这里集会跳舞，
白天人来人往的通行广场，
成为夜晚人声鼎沸的老年活动场地。

密集的老年群体，
丰富的活动类型，
也带来一些空间使用问题。
作为白天的通行空间，
场地内没有大量的休息设施，
活动后疲惫的长者们，
寻不到合适的停留场地；
不同类型的舞蹈队伍，
自行选择的活动区域，
空间上交叉重叠，
音乐声互相干扰，
维持着暂时的和谐。

广场中的斑斓生活，
需要均衡合理的活动空间，
安全舒适的休息设施，
以及柔和的音乐和明亮的灯光。

运动带来健康

冬季，上午
晴
郑州市，中原区
中心广场

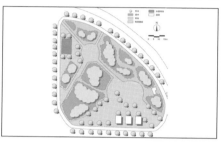

【踢毽子】

一位苗条的女性长者，一位精力充沛的男性长者，还有两位健壮的中年男性，共同围成了一个圈，四个人按顺时针方向把毽子踢给对方。忽然之间毽子高高飞起，男性长者一个箭步冲上去，跳跃一下，迅速抬起左腿，稳稳地接住了毽子，整个动作如行云流水般顺畅。

【抖空竹】

西南角三角形的橡胶活动场地上，有四位男性长者在抖空竹。中间的长者戴着黑帽子，正在聚精会神地用尽全力让空竹绕着身体旋转，另三位围观的人中一位戴着白手套的男性长者不时发表一下建议，另外两人时不时啧啧称赞。

一月中旬的北方，天气还没有进入严寒状态，阳光温和地洒在地面上，没有凛冽的寒风，没有零下的温度，早上九点多的广场处于一天中最活跃的阶段。

中心广场是被三条路围合出来的一块扇形地块，整块场地所处区域以学校、高新技术区和住宅为主。场地东北区域是生活区，西边是大型商业综合体，南边是教育基地。

整块区域以硬质活动场地为主，体育设施齐全，吸引了周边区域内大量的人流。场地内的三条轴线将所有广场串联起来，跑道环绕整块场地。南半部分主要的硬质场地呈三角形，有乒乓球场、篮球场、网球场、下沉剧院、健身器材场地等。

【打乒乓球】

乒乓球桌子前，很多人在激烈地对打。其中一位戴着黑色帽子的老者刚发出一个扣杀，气定神闲地站在乒乓球桌前，对面高手一个海底捞月就把球捞到了桌子上，老者慌乱了起来，痛失一球。

【打陀螺】

南边小广场上，穿着一身黑的男性老者的运动方式令人耳目一新。他高高地扬起手臂，不停地抽打着铁陀螺。铁陀螺旋转，他也在这种孩子式的快乐中得到了满足。很快，别的老年人也被吸引加入，这个打陀螺的队伍逐渐壮大了起来。

【打太极】

下沉主广场的角落里，有三位女性长者在打太极。穿着深紫色太极服，戴着橙色帽子的长者是领头人。她的动作舒缓有力，从容不迫，另外两位女性长者一边不时地学习观察，一边练动作，看起来有些手忙脚乱，但是每个人都很认真地沉浸在其中。

【跳舞】

每天早上，北边的广场上都会汇集跳交谊舞的人群，人们自发组成队伍享受跳舞的快乐，夫妻一起跳舞的比较多。领头的一位女性舞者，穿着红色的长裙与黑色的高跟鞋，音乐声响起的时候，红裙蹁跹飞舞，男性长者脚步稳健，两个人跟着节奏翩翩起舞，令人赏心悦目。

【耍鞭子】

北边的篮球场正对的场地上，一位中年男性在教三位男性老者耍鞭子。他们都穿着轻薄的衣服，间隔很远，鞭子挥舞着划破空气抽打地面的时候，发出清脆的响声。几个人时不时停下来观察一下中年男性的动作，认真学着诀窍和要领。有时他们整体一起挥舞起鞭子，鞭子清脆的破空声猎猎作响，带着精神抖擞的面貌，展示着市民生活新气象。

【乐器演奏】

休息场地的廊架下坐着两位男性长者，戴黑色帽子的长者打快板，头发灰白的长者拉二胡，一位戴着红色帽子、提着绿色袋子的女性长者拿起了旁边的麦克风，跟着配乐唱起了豫剧，声音悲怆，闻者落泪。

【理发】

休息廊架旁边圆形场地的角落里有一群
长者在等着理发。一个凳子、一块手写
的招牌、一片围裙就是这个"理发店"
的全部。

他们大都头发花白，表情焦灼地围绕在
简易的露天理发场地旁边。每当理发师
给一个人理完头发，他们都要讨论一下
下一个轮到了谁，迫不及待地向前。

【棋牌活动】

对面的另一个廊架下，有一个棋局，围
观者众多，原来是两位戴着黑色帽子的
男性长者在对弈。场面进入胶着状态，
每下一步两个人都思虑再三，慎重地把
棋子放下，围观的长者们也都聚精会神
地观看，不发一言。

【跳舞】

无论哪里的广场都少不了广场舞，这个
大广场的舞队分为很多种，显然这些女
性长者们已经磨合许久，训练有素，队
列整齐，连服装都尽可能做到了统一。
远望过去，仿佛一片烟霞，给肃杀的冬
日带来了温暖的感觉。

老年人的刻板印象，
阻止了我们去探究事情的真相。
提起老年人，
难免会想到部分消极词汇。
但我们所看到的老年人，
却是阳光的、充满活力，
带着孩子式的天真，
积极、向上、好奇，
步伐永不停止，
探索、尝试，
从不畏惧他人的目光。

城市公共空间，
只要提供适宜的活动场地，
便能充满活力；
寸土寸金的中原区，
活动场地因地制宜，
展示了市容市貌，
提升了幸福指数；
就连周边的商业综合体，
也提高了价值，
创建了双赢格局。

城市中的稀有土地，
经济价值固然重要，
但尊重长者群体的需求，
人性化的公共空间设计，
与之并不会相悖。

热闹的冬日

冬季，下午
晴
临汾市，广胜寺镇
山焦职工广场

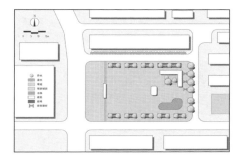

【聊天】

广场的入口处，两位女性长者正在促膝
长谈。其中一位老人，头戴企业内部发
放的帽子。
老人们都自带了坐垫，阻隔瓷砖的凉意。

【社区活动】

广场的健身区紧邻商铺，由一列梧桐树
区隔。男性长者三五成群，坐在健身区
的石凳上。他们正在处理灯带、灯环等
装饰物，用作树木上的装饰。五彩斑斓
的装饰增添了新年的节日氛围。

冬季里的晴天总是伴着暖阳，躲在家中的人
们陆陆续续出来晒晒太阳，呼吸着新鲜空气。

在老镇子的中心，建有一处广场，为居民提
供了休闲活动场地。广场的南北为老旧居民
区，是企业建立最初时的配套住宅。广场东
侧紧邻篮球场，同时连接着广胜寺镇的核心
景区。

广场呈规整的矩形，规模较大，分为两个部
分。靠近马路一侧的部分面积较小，为对面
的电子大屏幕提供观看场地，兼具停放企业
接驳车的功能。另一部分为广场的核心区，
有假山、水池、亭廊、雕塑、健身器材、花
坛等。广场上活动的人群以老人和小孩居多。

【晒太阳】

广场内的花坛都与座椅结合设置，材质也由石质换为了木质。
老人大多坐在花坛旁等阳光充足的地方，亭廊中的老人反而较少。

他们之间并不熟悉，但仍会选择群聚而坐。几位老人闲来无事，便看起了超市传单。另一些老人，则坐着观察其他人的活动。

还有一位坐在健身器材上休息的老人，全身包裹得严严实实，可能是寒风刺骨，老人时不时地搓搓手，并没有想要在健身器材上锻炼的意思。

【带小孩】

广场内部的空地上，有很多老人与小孩，他们都是成组出现的。
小孩在广场上自由玩耍，或跑、或跳、或驾驶玩具车，老人则在一旁寻了位子坐下，小孩的玩具车也充当了老人的座椅。

【带小孩】

晚上，广场上的孩子越发多了，热闹非凡。

孩子们的周围大多有老人看护。有一位老人独自站在一旁，左手拎着两个保温杯与一个小袋子，右手揣在棉服口袋中，望着嬉戏打闹的孩子。

另一角，两位老人手里拿着孩子的书包，正在聊天攀谈，打发闲暇时间，偶尔看向孩子们的方向。在这广场上，有许多正在看护小孩玩乐的老人，他们占据着广场的角落与荫蔽处，静静地看着活蹦乱跳的孩子。

【聊天】

广场中央，五位男性长者相谈甚欢，好不悠闲自在。

老人们或双手交叉于胸前，或揣在口袋里，悠闲地伸出一条腿，脸上带着笑容。

【散步】

在广场的南侧，有一位男性长者拄着拐
杖，依花坛匀速环绕散步。

旁边的假山一侧，有一位女性长者也在
散步。她绕着假山漫步，途中看看周围
的花灯，感受节日的氛围。

【跳舞】

广场西侧的空地上，人们排着整齐的方
阵，有二三十人，一起跳广场舞。领舞
者年纪较轻，其余跟舞的大多为女性长
者。其中一些站位更加靠前的是对动作
较为熟悉的老人。

【遛狗】

广场西侧的入口处，有一位女性长者正
在遛狗。

狗属于大型犬，所以老人一直牵着绳子，
边遛狗边散步。

冬日也可以热闹，
午后阳光正好，
温度适宜，
广场，宽敞明亮，
受到了大量老人的青睐。

他们大多喜欢坐着歇息，
也准备充分，
随身带着坐垫或拐杖，
呵护着他们自己的舒适与安心。

晚上的广场，
依旧热闹非凡，
火树银花，
为广场增添了节日的氛围，
吸引老人们络绎不绝地到来。

广场配备的多样化休憩设施，
如花坛、木质座椅、石桌、石凳、亭廊等，
为老人提供了多种选择，
满足了他们不同季节中不同活动的需求。

广场边界地带的驻留

冬季，下午
晴
宜昌市，猇亭区
六泉湖市民广场

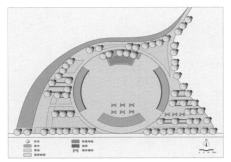

在连续几天的阴雨天气后，终于迎来了久违的大晴天，温暖灿烂的阳光在冬日里让人感到很舒适，但偶尔一阵凉风吹过，也会带来一阵猝不及防的寒意。尽管是稀少的冬季晴天，但出来活动的人与平时相比也少了许多。广场上不像平时那样吵闹，安安静静的，只有靠近少数人群聚集的地方才能听到人们的谈笑声。

六泉湖市民广场东侧紧挨六泉湖公园，西侧邻城市主干道，南北两侧与自然丘陵地的山脚相连。广场北面和西面分布有许多居住区，附近的居民走路只需要 10~20 分钟就可到达。

广场主体区域为圆形，从西侧的开放界面进入广场，可见硬质圆形广场的左右两侧边缘设置了弧形座椅，并用绿化带围合起来。中心广场的尽端为一个露天剧院，再往前延伸便是广场与公园的临界面，这里以条形水池划分开。环绕主体圆形广场的南北两侧还设置了许多休憩座椅和健身设施，都以绿化种植的方式划分功能分区，因此南北两侧的绿化环境较好，相比中心广场显得更为静谧。

【带小孩】

靠近广场入口附近，在圆形中心广场边缘，弧形座椅尽端的边上，一位身着蓝色棉袄的男同志斜挎着帆布包站在孙子面前，手里还拿着带给孙子的零食。座椅旁边摆放着三个背包，放着备用的衣服、鞋子等。他静静地看着孙子坐在座椅上换轮滑鞋，准备带他去学轮滑。他的眼神里充满了慈爱，偶尔还嘱咐小孙子几句，让他注意安全。

广场东界面尽端的带形水池处聚集了不少人。一位戴红色围巾的女同志，挎着大包站在水池边。她的小孙女紧靠着她蹲在水池边，手里拿着小小的舀鱼网，认真地盯着水面在寻找着什么，走近一看才发现，很多人都在这里捞河蚌。他们有说有笑，打捞起来的不仅有河蚌，还有儿时那种捞鱼摸虾的乐趣。还有两位女同志站在水面的汀步上，脚边放着捞河蚌的器具。

其中一位女同志手里拿着折断的枯木枝，借助它拨河蚌。另一位脱掉了厚厚的长棉袄，准备去帮捞河蚌的孙女一把。他们两人望着在附近玩得欢快的孙女，互相交谈着各自的孙女平日在学校的表现情况，脸上露出了幸福的笑容。

【闲坐】

在靠近露天剧场一侧的环形座椅尽端，一位男同志蜷曲着身体独自坐在座椅上，他的身影被座椅边高大的树木笼罩着。他一边扭过头凝望在剧场附近玩耍的孩子们，眼里满是慈爱的笑意；一边往嘴里递着剥好的橘子，椅子边上还放着刚剥下来的黄澄澄的橘子皮。

冬日的阳光相比往常更加珍贵，
人们开始偏爱开阔的中心广场，
树荫笼罩着的休憩区和健身区，
反而少有人问津。
广场上，老人多是带孩子玩乐，
即使独坐休息的老人，
也要选择靠近孩子们玩乐的位置；
老人与儿童的活动场地，
有着内在的关联，
两者的行为与心理，
则是老幼同乐空间的营造依据。

广场边缘的环形座椅两端，
受老人的青睐，
这里有着更为强烈的领域性，
以及舒适的阳光和开阔的视野。

空间边缘界定着广场的领域，
此处，广场空间的全貌视野，
有庇护感的绿化界面，
激发着老人活动在此发生转换与停留，
功能丰富的边缘空间，
承载了多种游憩活动，
是广场聚集人气的关键。

含饴弄孙

夏季，傍晚
晴
临沂市，平邑县
润民广场

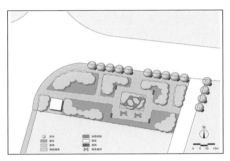

六月底，白天炎热、骄阳似火，傍晚是一天中最舒服的时候，人们也大都在这个时段出门休闲，感受夏天的阵阵微风。

润民广场北邻城市主干路浚河路，西邻城市主干路厚德路；北部与西部为购物中心及商业区，南部为居住区，西北部为居住区以及部分商业设施，人流量较多。

润民广场主要服务于北部的购物中心，场地为方形街头绿地，呈规则式布局，设有健身器材、休憩桌椅、公共厕所等基础设施。主要的活动场地为中部的健身器材区，以及雪松荫蔽下的休憩桌椅区。绿化种植以龙爪槐、小叶黄杨、紫叶小檗为主。

【带小孩】

一位老人和孩子在休憩桌椅区就座，孩子手上拿着一张广告纸在叠着什么，好像怎么叠都不满意，吵着要爷爷帮忙叠。老人慈爱地接过纸给孩子叠了个纸飞机，孩子开心极了。

【器械运动】

一位老人在健身器材区，一会儿转动太极推手器活动肩椎，一会儿踏上漫步机活动腿部。他有时看向远方的夕阳，有时看着旁边在健身器材上玩耍的小朋友，露出幸福的微笑。

润民广场，
一处商业购物中心的街头绿地，
葱郁的树木，
完善的基础设施，
提供了休憩场所，
满足了老年人的休闲活动。

场地内的老年人，
或照顾小孩，
或锻炼身体
或坐下闲聊。
稍显差强人意的灌木绿化，
部分无植物覆盖的裸露土地，
似乎并未影响到他们的活动。

老年人街头的含饴弄孙，
需要足够的活动场地，
丰富的植物绿化，
以及游乐健身设施。

关于孤独这件事

秋季，下午
阴
武汉市，武昌区
首义广场

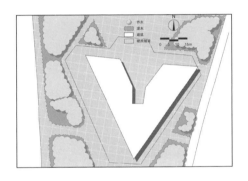

秋季的下午带着些许凉意，微风拂走了阳光带来的暑气，辛亥革命博物馆前面在举办菊展，附近的人们纷纷前来。

首义广场是武昌区阅马场的纪念型广场，纪念辛亥革命的武汉第一枪。进入建筑前的长方形宽阔广场，两边是姹紫嫣红的菊花争艳，是各个街道办创作的各色主题花境。

游人如织，女同志们都穿着漂亮的衣服穿梭在菊花中间，主题的不同带来菊花品种和摆放方式的差异，呈现出不同的视觉效果，人们审美差异的不同直观体现在不同主题菊展前的驻足人数上面。两边流动的各色人群，更加显得中间的道路宽阔、空荡。

【闲坐】

去辛亥革命博物馆的路上，机动车道旁的下沉人行通道上可以看到一位男性长者孤独的背影。他坐在人行通道出入口的位置上停留了很久，这个位置僻静隐秘，没有一个人经过，老人家在这里保持一个姿势坐了很久很久没有活动，周边安静的植物与他融为了一体。

一位放风筝的男同志端坐在大路中间，正对着博物馆主入口，与形形色色的人群相比，显得单薄冷清；两边的热闹更显得中间的孤零飘荡。

小小的台阶，
高大的树木，
佝偻的背影，
身边的自行车该驶向何方，
沿途的风景又是越来越近的谁？

浓荫的绿树下，
木质树池座椅上的长者，
没有萍水相逢，
更无从与人谈论过往。
路上行人匆匆无驻留，
也不会留意这孤独的风景。

经历过往漂泊的生活，
更渴望一个安稳的晚年，
在处处欢声笑语的广场上，
也许可以给孤独的老年人留出一席之地。

老幼相伴的秋日傍晚

秋季，傍晚
阴
武汉市，洪山区
联峰时代广场

早秋的夜晚，气温正是一天中最舒服的时候，联峰时代广场也不再像白天那样空旷、冷清。在夜幕的笼罩下，开敞与封闭的对峙感消减了许多，人们在这里的活动也放开了。

联峰时代广场西侧为鲁磨路，北侧与南侧均为居住区，东临华中科技大学，西侧与商业店铺隔街相对，附近人流量较大，但在此停留的人不多。

场地处于马路旁一块凹进去的地块，周围被高楼围合，一面开敞朝向马路，楼房一层均为商业店铺。楼房之间的夹缝里是学校居住区的入口，与南侧的停车场形成了空间对比，更加凸显出场地开敞的特点。

【带小孩】

广场上有人摆好了滑旱冰的小障碍物，许多小朋友滑着滑轮穿梭其中，十分开心，有位叔叔在他们的身旁看护。

场地周围站在许多家长，他们坐在椅子上或阶梯上闲聊，同时观望着玩耍的孩子们，享受着一天疲劳后的悠闲时光。有位老人好像不太放心刚学会滑旱冰的孙女，扶着穿好护具的孙女，带着她慢慢滑。

小区之内，高楼环绕，
马路旁边，背靠大厦，
白日与黑夜的对比，
人群的聚散与氛围的转变紧密相关。

白日林立的高楼，
拉开了人与人之间的距离，
夜幕笼罩之下，
依旧开敞的广场，
可视范围缩短，
倚靠在近处大楼下的老年人，
似乎更有安全感。

秋日的傍晚，
既有场所氛围的转变，
也有人群聚散的更换，
老幼相伴也随之出现。

5.2 街道绿地——激发活力的街头

街道绿地在城市街道中具有连接功能，与线性的街道相比，呈现"点状"布局，是展现街道空间完整性的重要纽带，在街道景观空间营造中占有重要地位。

街道绿地能将道路与沿街建筑等周边环境柔和地衔接在一起，能够美化环境、吸附道路飞尘，可以改善人们对城市硬质景观死板、缺少活力的印象[38]。街道绿地的功能可以分为以下四点。

第一，交通集散。街道绿地能够集散人流，对人群拥挤的地段起到疏导分流作用，设计时在确保不妨碍交通的情况下，为人们短暂驻足提供安全、易达的空间。

第二，提供活动空间。城市街道绿地比线性空间具有更大、更自由的活动场地，相对其他大型节点空间可达性较强，因此会吸引较多居民到此活动。在设计中，丰富的绿化形成的荫蔽空间，为居民开展各类活动提供舒适场所。

第三，提升生态质量。街道公共空间对改善城市生态环境非常重要，而其中的节点空间具有较强的美化和标识作用，绿化植物乔、灌、草的搭配往往形成较好的景观效果，合理的植物群落配置也能发挥生态效益。

第四，增强空间体验。街道的节点空间展示了街道景观，能够增强人们对街道空间的体验感，打破街道景观的线性与单一感，增强特色与辨识度，改善城市整体面貌。

街道绿地的利用率较高，其景观形象和服务设施也具有较高的品质。街道绿地的活动内容可以分为以下三种。

第一，休闲游憩。随着街道绿地景观质量的提升，其中的雕塑构筑、亭台座椅、植物美景，都激发着居民对场地的兴趣，引导居民到此休闲游憩。

第二，社交互动。街道绿地大多采用硬质铺装，搭配简单的基础设施，方便人们进行自发性、社交性活动。

第三，文化教育。作为人流量大的公共空间，街道绿地为进行文化宣传提供了机遇。场地中常常通过宣传栏、文化雕塑等小品，实现特定主体的表达，以便开展研学教育活动，弘扬政治文化与社会正能量，营造城市人文气氛。

街道绿地选用河南省南阳市某街角绿地、江西省南昌市滕王阁景区外老街巷等案例。观察发现，在街道绿地中，老年人群在休憩座椅和休憩场地处的活力度最高。

街角绿地的开敞与私密

冬季，下午
晴
南阳市，宛城区
建设路与仲景路街角绿地

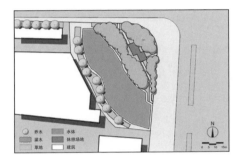

○ 乔木　■ 水体
■ 灌木　■ 休憩场地
草地　□ 建筑

N

二月的第一天，还未立春，天气已经回暖。下午四点左右，户外气温十分舒适，仿佛一切都刚刚好。

该街角绿地位于南阳建设路和仲景路十字路口的西南侧，东侧和北侧被道路包围，西南侧是一排低矮的临河商铺。周边是高层住区、医院和集贸市场，周边人流量较大。

场地接近三角形，由斜向的温凉河河道、硬质广场和乔、灌木绿化组成。广场和桥旁是长者们休闲活动的主要场所。

【闲坐】

一位男性长者坐在桥头光滑的石墩上，低头专注地玩着手机。还有一位衣着臃肿的女性长者独自坐在自带的座椅上，背靠着桥梁的白色栏杆，双手揣在身前，享受着午后的暖阳。

【停驻】

桥边还有两位站立的长者。其中一位男性长者背靠着栏杆，双手插兜，悠闲地观察着来来往往的路人。还有位女性长者面朝温凉河，双臂伏在栏杆上，低着头在思索些什么。

【棋牌活动】

棋牌活动分布在滨河的带状广场和草坡的台阶平台。打牌和围观的长者们围绕牌桌形成一个个组群。

坡度较陡的草坡位于场地边界，草坡上横向分布着多个平台，草坡上的灌木围合出较私密的空间。

滨河的带状广场位于河道和草坡之间，最宽处仅4米左右，牌桌在广场上散乱排布且较为密集。

围观人群将牌桌层层包围，有的坐在打牌人的身后，更多的人是站在外围。广场上的剩余空间所剩无几，几乎没有行人穿行。

十字路口附近，
三角形的街角绿地，
多个开放式出入口，
较强的可达性和便捷度。

斜向穿行的温凉河道，
为场地带来活力。
桥边高度适宜的白色栏杆，
限定出开敞的桥边空地，
长者们倚在栏杆上休息。
较陡的草坡边界，
高度适宜的灌丛，
营造出安静私密的氛围。
设计之初的交通空间，
如今却变成老人们露天打牌的娱乐之地。

依靠着桥边栏杆，
随意地或站或坐，
晒晒太阳，
低头看看手机，
老人们度过悠闲的午后。

带状广场和台阶平台上，
一个小方桌，
几把椅子，
长者们围坐一起，
手里拿着纸牌，
心中谋划局势。

开敞的桥边空地，
或站或坐的停留休息，
私密的草坡空间，
欢乐有趣的棋牌活动，
承载着长者的悠闲与活力。

街头巷尾的欢乐

春季，上午
阴
武汉市，江夏区
生活周刊广场

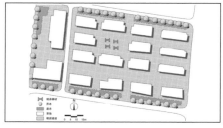

【带小孩】

生活周刊广场是万科魅力之城南区北门的入口广场，基础设施较完善，老年人大多在此停留休憩、看顾小孩。一位穿着黑色羽绒服、拎着孩子用的保温杯的女士亦步亦趋地跟着孙子。穿着黄色上衣的孩子欢快地向前跑着，女士的目光紧紧追随着，但是脚步从容，不慌不忙。

【乐器演奏】

街角的这片绿地，承载了老者们的欢乐。一把二胡、一个音响、一个话筒、两三个围观观众，便形成了露天的音乐会。乐器表演者沉浸在演奏中，歌唱者思绪飘远。夜深了，围观的观众逐渐四散离去，只有乐声在天空飘荡。

二月下旬的这周多有雨，武汉从艳阳高照的暖和天气，又进入了湿冷的倒春寒时节，人们刚脱下的冬衣又穿了回来。

场地位于光谷一路与高新五路交叉口的西南角，是中国建设银行前的小广场，周边以新建居住区为主，居民较多，生活气息浓厚。

位于街边拐角的场地呈扇形分布，整个场地以方形铺装的硬质场地为主，与道路相交部分以栏杆阻隔道路与场地，为场地围合出一定的活动空间。

儿时在街角巷尾穿梭的欢乐时光，
犹在眼前，
但是却再也回不到从前。
城市建设的快速、无序发展，
让我们失去的不仅是玩耍的场地，
更是一代代人的童年。

现在的我们，
只能在川流的车行中，
寻找闲置的空间。
具有足够绿地、设施及场地的社区中，
街头、街角与巷尾，
都会成为老人们户外活动的选择。

地铁站旁的出行时光

秋季，早上
晴
武汉市，洪山区
华中科技大学地铁站

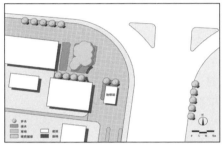

【聊天】

一对长者夫妇与一位女同志驻足于地铁口聊天，不知长者们经历了怎样的等待，才迎来了难得的相聚，刚见面就滔滔不绝。抑或是临别时手拉着手，有千言万语想要诉说。

【骑行】

一对长者骑着电动车行进在地铁站外狭窄的人行道上，却发现地铁站入口被路障挡住了，无法停车，只好抱怨着驶向下一个入口。一位长者骑自行车到地铁站外一定距离后便下车推行，像是在回避什么危险。哦！原来是前方不太显眼的站桩石。

深秋，太阳懒洋洋地挂在天上，带来一阵暖意，天空像罩上了一层金黄色的幕布，银杏叶也开始染上金色。

华中科技大学地铁站 A1 出入口位于珞喻路和关山大道交叉路口的西侧，在一个小型硬质广场的边缘处，广场的另一侧是居民区和一些小商铺。

地铁出入口旁的非机动车道较为宽阔，它的边缘一侧为行人的聚集提供了临时性场所。这里虽然有嘈杂的汽车噪声，但依旧聚集了人气。毗邻交叉口的微型绿地，树木较为茂盛，其中还有休憩设施和廊架，此处的人群较为聚集。

【散步】

地铁站附近的硬质广场上有两位女同志，她们有说有笑，背着手不急不缓地走着。偶尔又驻足停留，观看路边其他群体的活动，步态从容而惬意。

一对老夫妻正从广场旁小区的门口走出来，女同志拄着拐杖，行动起来十分缓慢，男同志回过头等女同志，他们互相搀扶着右转，走过两堵围墙围合的街道"入口"，便向前走远。

【观景】

在地铁站出入口旁，有一位女同志双手搭在地铁出入口平台边缘的栏杆上，背后放着一把自己搬来的椅子。她抬头望着地铁旁侧有轨电车道的方向，道路上车来车往。

风朝她迎面吹来，吹乱了她的头发，也吹得她眼睛泛泪，她拿手帕简单地擦下眼睛，但依旧不肯扭头改变方向。

【聊天】

邻近路边小商店的硬质广场上，有四位老年人正在热火朝天地交谈着什么，他们脸上都洋溢着充满活力的笑容。从广场上路过散步的老年人也被这热闹的氛围吸引，忍不住驻足停留。

在紧邻有轨电车道一侧，三位男同志在车道护栏边聊天。其中一位倚靠在护栏上，另一位紧挨着他，兴致勃勃地比画着手势，讲着最近自己家里发生的事。还有一位男同志面向他们，双手插在口袋里，认真地倾听，偶尔搭上几句话。

【闲坐】

三四位女同志坐在交叉路口处的树池座椅上，有一位中年女性似乎是陪伴母亲在这里歇息，两人偶尔交谈几句，其余大部分时间，她们的目光都停留在路边的景象和来往的行人身上。
另外两位女同志坐在最外边靠近道路的座椅上，她们靠得很近，有说有笑，眼神时不时望向远处的人群。

深秋的出行，
在地铁站旁，
伴随着有意无意的相遇，
热情的寒暄，
愉快的告别。
通行的场所，
无意中，
提供了交往的空间。

老人们大多在空间的边缘活动，
可以观望四周，也能获得安宁。
他们习惯于扶着栏杆倚靠护栏，
护栏似乎将不安全的因素阻隔在外，
给他们提供一个支撑身体的地方。

安全舒畅的通行距离，
合理分布的路障设施，
清晰明确的导引标识，
是老人公交出行的基本保障。

车站场地空间边缘，
多样化的活动场所，
舒适的物理环境，
合宜的休憩设施，
是提升场地活力的条件，
也是老人在此处活动质量的保障。

景区老街地摊旁的互动生活

秋季，早上
晴
南昌市，东湖区
滕王阁景区公园

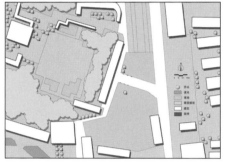

虽然是秋季的早上，但阳光依旧热烈，附近的广场上缺少荫庇空间，人在阳光下几乎睁不开眼。

滕王阁景区位于江西省南昌市西北部沿江路赣江东岸，占地面积约 13000 平方米，是老少皆宜的旅游目的地。

景区外部的老街巷狭窄且错综复杂，建筑展现了唐朝时期的历史风貌，随处可见卖古玩字画的商铺。在一条街巷中，建筑的阴影完全覆盖了它，形成了一处长长的遮阴场所，这里聚集了一群摆摊的长者。除了狭窄的老街巷，景区售票处门口还有一处供人们临时休憩的广场。

【摆地摊】

景区外一条狭窄的街巷中，靠着左侧建筑外墙有许多长者在摆地摊，有的卖健身用品，有的卖生活用品。这里没有阳光直晒，也没有来回穿梭的车辆，是摆摊的好地方。虽然没有多少顾客，但长者们一起闲聊、玩手机，足够打发时间。

【聊天】

景区售票口外，阳光直射在人们身上，令长者们睁不开眼。花坛边的休憩长凳上坐着等待入园的长者，他们时而交流着入园事项，时而看向排队的人群，商量着进去观赏的时间。

景区门口，
老街巷之中，
看似没有生活困难的长者，
将自己的小物件摆摊出售，
也许他们并不在意卖出多少，
但能结识新的朋友，
聊聊天气、聊聊生活，
感觉与社会还有联系，
心中便充满欣喜与惬意。

无论摆摊还是出游，
对老年人来说，
都有一个共通之处，
那便是交流和互动，
建立与外界的联系。
寻找生活新的意义，
获取自我的社会价值。

景区门口的休憩座椅，
为老年人出游提供歇息之处，
老巷中的建筑"阴影"，
为长者们摆摊界定了营生之地。
设施与空间的整合，
构建了出游与摆摊之间的互动场所。

5.3 街道线性空间——熙熙攘攘的街道

街道线性空间依托于城市街道，是由道路两旁建筑围合成的线性场所，包括街道景观及其附属设施，以人的活动为主，对城市发展具有举足轻重的作用。根据街道的主要功能类型，街道线性空间可分为休闲游憩型和交通通行型两类。

街道线性空间是人们休闲散步的主要场所，虽然形式简约，却是连接不同场地的纽带，保障了人们出行的便捷与安全。街道线性空间的功能可以分为以下五点。

第一，交通组织。街道线性空间的交通通勤功能在城市中扮演了重要角色。它作为连接不同空间的路径，提供了便捷通行空间；兼具的集散功能，创造了安全的停留歇脚场所。

第二，休闲游憩。街道线性空间在满足交通功能之外，通过场地内的基础服务设施，为人们休憩与活动提供了场所，使原本单调的通行空间充满趣味，引导人们选择慢行出行方式，缓解人们的身心压力，唤醒城市的勃勃生机。

第三，景观展示。对现代街道线性空间来说，景观设计十分重要，是城市景观的基础组成部分，街道界面的景观效果会直接影响城市整体风貌。简·雅各布斯认为，一个城市的街道空间是否有趣，意味着这个城市的有趣与否。有些历史文化街道兼具旅游景点的职能，大多数通行性街道也注重景观营造，通过植物设计和整体风格的营造，致力于建设尺度宜人、景观优美的公共空间，组成城市景观廊道。

第四，生态净化。街道线性空间毗邻街道，周边人流及车流量往往巨大，车辆产生的污染气体不利于周边生态环境的改善。街道线性空间通过增加绿化面积，发挥植物的生态净化功能，减弱车辆噪声，吸收有害气体，从微观层面入手，提升街道生态环境质量。

第五，营造安全环境。良好的街道线性公共空间能够合理组织交通，实现人车分流，为人们行走或开展活动提供安全环境；同时，它串联起街道的节点空间，共同构成城市的步行网络。

街道线性空间的活动内容可以分为以下两种。

第一，休闲游憩。街道线性空间中的活动是市民日常生活的反映。通过雕塑、构筑物、休憩设施等的建设，满足市民日常生活需求，激发公共空间的活力，成为城市绿地的重要补充。

第二，社会交往。街道的步行空间能够带动城市社交与活力，步行空间和慢行系统的建设也能为社交活动的开展提供场所，比如洽谈与交友，以及人们与景观小品的互动，使街道空间成为社会融合的场所，从而营造具有生活氛围的城市空间。

街道线性空间选用湖北省武汉市昙华林街道、莲溪寺路，四川省都江堰市高桥夜市街道，河南省南阳市商业中心天桥等案例。观察发现，街道线性空间中老年人的活动以通行为主，这与街道的交通组织功能和基础设施的不足有很大关系。

人行道上流动的多彩老年生活

春季，上午
晴
南阳市，宛城区，
新华南路人行道

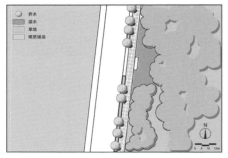

除夕的前几天，都是艳阳高照，天气十分晴朗暖和，像人们迎接春节那样快乐。

新华路东侧的人行道紧贴公园西边界，马路西侧是居民区和学校，人行道南端延伸到公园大门外的广场，再往南与人行天桥相接。

该区域是硬质铺装地面，布置有间隔的方形树池座椅，东侧边界是半开放状态，紧邻公园外围的灌木丛，西侧是车行道。人行道上有很多休息、算卦与摆地摊的长者。

【卖气球】

公园南门外的广场上，有两位卖气球的长者，各自经营着自己的流动摊位。戴帽子的女性长者抬高两只手臂，一边攥着气球下边的牵线，一边艰难地整理着气球。另一位卖气球的男性长者生意不太红火，他面朝大门坐在自备的凳子上，一边攥着线，一边专注着手机上的内容。

【摆摊】

一个方形树池的座椅上，摆满了包装简易的杂货物品，一位男性长者坐在树池旁边。旁边是堆满口罩的三轮车，地上还有一排塑料座凳。他坐在摊位旁边，等待着出行游玩的顾客。

【算卦】

人行道靠近公园的一侧，间隔地分布着算命的流动摊位。长者们大都自备座凳，背靠着灌丛花池，时不时地打量着面前的路人。

一位头发花白的看相长者，将双腿平放在凳子上，地上放着两个保温水杯。没有生意的时候，长者就放松地坐着，晒晒太阳，十分舒适惬意。

还有一位计算婚姻交友的男性长者与身旁的友人交谈甚欢，面前摆着醒目的红底黄字的说明牌——"不说话知道你姓啥，交友合婚"。

【闲坐】

三位男性长者聚在树池旁，其中两位坐在座椅上，手里拿着纸笔，认真地盘算、比画着，还有一位站在旁边，张望着来往的路人。

还有位男性长者坐在座凳上跷着二郎腿，身后停放着他的三轮车，他独自悠闲地晒着太阳。

年前暖和的上午，
居民区和商业区之间，
长长的人行道上，
满是悠闲的氛围，
长者们在算卦、休息和做生意。

附近的公园和天桥，
引来了大量游客，
舒适的树池座椅，
浓绿的树荫灌丛，
为步行营造了舒适的环境。

树荫下灌丛边，
算卦的摊位一个接一个。
一个自制的说明牌，
两个对面放置的座凳，
生意兴隆则积极与顾客交流，
生意惨淡也惬意自在，
有的舒服地晒晒太阳，
有的跟友人一起交谈甚欢。

人行道南端的广场上，
卖气球的长者独自等待生意，
树荫下的座椅上，
悠闲的长者们相聚休息。
长长的人行道上，
展现着多彩的老年生活。

天桥上的忙碌与悠闲

春季，上午
晴，
南阳市，宛城区
人民路与新华路交叉口
人行天桥

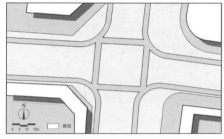

上午十点左右，天空晴朗无云，阳光还有些刺眼，除夕的前一天，天气格外暖和。

此人行天桥位于南阳城区的商业中心，方形通道盘踞在十字路口的正上方，八个出入口伸向地面人行道，桥下的双向四车道上，车辆来来往往。

上下桥通道由台阶和两侧的无障碍坡道组成，2米宽的台阶可供双向通行；中间的抬升通道为方形，地面是小型方砖铺装；通道两侧有1米高的白色护栏。长者们在天桥上或散步穿行、或停留观光、或经营着地摊。

【通行】

一名男性长者刚从天桥下来走在人行道上，手里还拎着刚买的年货，步履匆匆地赶着回家，另一只手拿着脱下的外套。

【停驻】

天桥上，一位女性长者和自己的家人站在一起，她将两条手臂扶在栏杆上，打量着不远处的商场，商场外张贴着可爱、鲜艳的牛年海报。

【摆摊】

天桥与台阶的过渡区和天桥的转角处是长者们经营的各式地摊，大多位于通道两侧，沿天桥呈长条形排布，中间可供人穿行。

天桥与台阶的连接部分有一个宠物地摊，经营地摊的女性长者坐在一堆彩色笼子中间，笼子里是毛茸茸的兔子和小白鼠。她认真地整理着手上的袋装饲料，摊前一个小女孩好奇地看着，应该对这些宠物很感兴趣。

桥上另一位女性长者蹲在地摊的白布上，正分批次将皮筋、头花等从黑色塑料袋中掏出，左边的地面上是她刚摆好的小玩具，五颜六色的玩具被摆放得十分整齐。

天桥的另一转角有一个紧靠护栏的铁质货架，架子上是各式各样的装饰性头箍，颇有节日气息。两位长者认真地清点着不同颜色的货物，为年关前后的火爆生意做准备。

临近农历新年，
家家户户都忙着置办年货，
街上拎着大包小包的人们，
脸上都洋溢着急切和喜悦。
舒适暖和的天气，
鲜艳喜庆的装饰，
欢快热闹的氛围，
使得行人时不时驻足停留。

位于城区十字路口的人行天桥，
为行人带来安全便捷的通行环境，
宽敞的通道和密集的人流，
创造了绝佳的地摊经营条件，
较高的地势和开阔的视野，
使得观光停留活动更加舒适，
天桥承载着长者的悠闲与忙碌。

台阶上和护栏边，
分布着散步和观光的长者们，
便捷安全的无障碍坡道，
使得通行活动更加顺畅，
适宜的坡度、合理的坡长，
恰到好处的休息平台，
让悠闲的散步更加舒心。

天桥的转角处和台阶的过渡区，
是长者们经营的各式地摊，
绝佳的地理位置确保了可视性，
宽敞的方形通道增加了可达性，
花花绿绿的玩具，
节日气氛的装饰品，
小孩和年轻人前来围观，
让忙碌的摊位更加热闹。
交通空间与公共场所之间的界线，
在此变得模糊。

过年赶场

冬季，上午
晴
都江堰市，天马镇
中心街街道

春节来临，平日里清静的小镇突然热闹了起来。趁着冬日暖阳，人们纷纷出门采购年货。

天马镇中心街西侧为天马综合市场，东侧有一所幼儿园。这条街道是人们日常购物的主要场所，道路长约 240 米，宽约 5 米。每到节假日，街道上的人群熙熙攘攘。

街道两侧分布着各种商铺，如服装店、水果店、各类肉铺等，商铺层数大多为 2~3 层。

【购物】

长者们骑着电动车穿梭在街道中，搜寻着春节需要的物品。一位男同志刚在超市买完商品，正骑上他心爱的座驾，目光直向前方，已准备好向下一个目标进发。

【喝茶】

街道的一侧有一处俱乐部，这里是大部分男同志休闲交友的固定场所，天气好的时候，俱乐部外的人行道被桌椅占满，长者们在这里喝茶、聊天，打发时间。

【买菜】

菜市场与中心街的交界处人潮涌动，来往的行人脸上洋溢着开心的笑容，大家兴高采烈地交流着。
一位头发花白的女同志在橘子摊前认真地挑选，装了满满一袋后提回家。

【摆摊】

一位男性长者在自己的蔬菜摊前称着顾客选的蔬菜。摊主虽然看起来较为年长，但视力和体力都不错，很快就称好货物。原本带过来满满一摊的紫菜苔和莴苣很快就要卖完了，他的脸上洋溢着幸福的表情。

一位女性长者面前摆着萝卜和白菜，目光注视着来往的人流，正等着顾客上门。老人的心里估计焦急地想着，赶紧卖完回家过节咯！

新年到,
老年人外出赶场,
除了新衣、鞭炮、年货和微笑,
还有市场街道中的热闹。

随着节日的到来,
原本紧邻菜市场的清静街道,
老年人摆摊设点售卖年货,
休闲娱乐体验市井生活,
此刻成为人们赶场的共享场所。

多售出一点蔬菜和水果,
增添一小笔收入,
均是长者过年的幸福收获。

节日,
对街道中的场所氛围,
对居家长者的户外生活。
影响是如此深刻。

街道与街市

冬季，下午
多云
都江堰市
高桥路街道

冬日的下午，没有太阳，似乎有点阴冷，但空气中弥漫的节日气息给人们带来温暖。

都江堰市高桥路的南侧邻近医院与幼儿园，北侧为居民区，西侧尽头与发展路相接，并且与菜市场接近，东侧尽头与永安大道相接。

白天普通的通行道路，到下午 4 点之后，禁止汽车通行，这里会聚集各种各样的小摊贩，有卖水果蔬菜的，有卖衣服鞋包的，也有卖各种小吃的，等等，一直到晚上，形成了一条夜市步行街，生活气息十分浓厚。

【带小孩】

这条路邻近一所幼儿园，下午的时候可以看见许多接送小孩的老人。一位满头白发的老人推着车，身穿黄色棉衣的小孩坐在后座上，看见有摊贩在卖水果蔬菜，老人便停下来悉心挑选。

【摆摊】

到了下午 4 点左右，摊贩们便陆陆续续到这里"驻扎"了，最开始是老人居多，大多摆的是水果摊、蔬菜摊与鞋垫摊等。偶尔有认识的朋友路过，便在摊位旁热络地聊起了天。

街道与街市，
白天和夜晚，
通行与买卖，
一条简单的道路，
承载了多样的功能。

接送小孩的长辈，
摆摊设点的老人，
悠闲踱步的长者，
在这里汇聚，
结下了奇妙的缘分。

街道夜市设点摆摊，
帮助部分无所依靠的老人，
找到了自身价值，
得到了经济保障，
带来了生活希望。

城市繁荣的街区，
一个个清闲的晚上，
长者们慢悠悠来到街道散步，
人、时间、空间，
巧妙契合，
孕育着夜间街市中的老年户外生活。

小街巷里的故事

秋季，下午
阴
武汉市，武昌区
昙华林街道

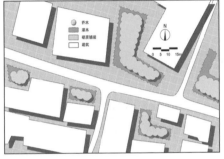

虽然是个没有太阳的下午，但气温依旧舒适，街道上有很多行人出门闲逛，享受这宜人的午后。

昙华林位于武汉市武昌区，有一条较为狭长的步行街，两侧有许多中式老建筑，充满了文艺和生活的气息。

复古文艺的石板路，高大茂密的乔木，带有不同特色的街边小店，都记录着昙华林的故事，吸引着各地游客的目光。这里仿佛是一处世外之地，城市的快节奏在这里被放缓，让人享受片刻的闲适，老年人仿佛更适合这样的环境，随意一瞥，便是他们的身影。

【带小孩】

昙华林小学外的开敞空地上，站着殷切等待的长者，他们紧紧注视着学校大门，盼望早点接到自己的小孙子、小孙女，目光中满是期盼。

大手牵小手，小孙女开心地和自家爷爷讲着学校的趣事，蹦蹦跳跳，看起来开心极了。老人在一旁耐心地听着，偶尔回应着孙女奇奇怪怪的问题。

【观景】

昙华林街上不时能看见结伴出游的长者，有的长者穿着专业的登山装备，有的则身着休闲的便服。他们避开出游高峰，享受着清静的自由行，时而开心地聊天，时而停下拍照。

原来，"活力"在长者们的身上也同样适用。

【聊天】

昙华林主街道上人来人往，两边两三层清水砖墙的民国风建筑，仿佛街道两侧的屏障，路旁的大树遮蔽了街道，仿佛给天空加上了屋顶，人行走在其中安全感十足。

街道中间树下的座椅上，两位老人家在慷慨激昂地交谈，其中一位挂着双拐的老人腿脚不太方便，但是座椅的高度适合长时间停留，大树的枝杈仿佛是一把伞，给了老人心理的安全感，增加了一层保险。

秋日的下午，
天气爽朗宜人，
落霞催促着人们，
加快归家的脚步。

小街巷里，
接孩子放学的老人，
在校门外苦苦地等待，
没有座椅可以休息；
没有设施可以避雨遮阳。
日复一日地接送，
拥有一处短暂休憩的空间，
应该是他们的一个期待。

悠长的老街，
吸引着老人的目光，
闲适地漫游，
和朋友一起消磨时光。
他们的快乐，
简单纯粹。

如果，
有更多可供人停留的户外空间，
有更加有趣的公园节点，
有更密布局的小街窄巷，
老人更愿意走出家门，
感受不一样的生活。

街道上的温暖

冬季，下午
晴
武汉市，洪山区
关山大道辅路

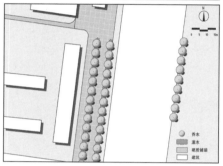

【散步】

两位男同志互相搀扶着，缓慢地行走在自行车道的边缘，车道两边的乔木叶子已落尽，因此这条道路上阳光充足，来往的行人也比另一侧的人行道要多。两位老者边走边聊，聊到尽兴时，便偶尔停下步伐，面对面交谈一番，脸上流露出满足的笑容。

在另一侧的人行道上，因为有常绿乔木的庇护，难以感受到阳光，因此行人很少。一位女同志背着手走在路中央，她的背微驼，腿脚也不太利索，行走起来十分缓慢。似乎是怕影响到其他人，她才选择这条鲜有行人的道路，又或者她喜欢安静的街道，才避开了嘈杂热闹的另一条道路。

冬季的武汉，在街道上行走时常有寒风迎面袭来，就算在下午，时有时无的阳光也不足以驱散寒冷。

关山大道辅路路西的一部分街道，西邻汽发社区，周边以居住区为主，来往的行人大多是附近小区的居民。

此处人行道与自行车道之间用绿化带隔离起来，但少有自行车通行，人行道和自行车道都被来往的行人占据。到了冬季，道路两旁的落叶乔木只剩下光秃秃的枝干，只有小区内部的常绿乔木枝叶依旧繁茂，从小区围墙伸展出来，形成荫蔽的空间，使得阳光无法照射到人行道上。

街道上的老年人，
偏爱能被阳光照射到的道路，
尽管那是自行车车道，
他们也愿意靠着边缘小心行走。
而被树荫庇护的人行道，
在冬日，却被人遗忘冷落。
落叶乔木似乎才是最适于人行道的树种，
冬季不会遮挡温暖的阳光，
夏季能带来一片宜人的阴凉。

一位独自散步行动不便的老年人，
选择了少有行人的人行道。
树木遮挡了阳光，
让这条路显得更加阴冷。
人行道能让她感觉更安全，
却无法让她更舒适。

老年群体需要舒适又安全的慢行道路，
路边摆放的休憩设施，
可以让他们在想要休息和聊天的时候停驻。
合理种植落叶树，
能够让冬天的道路也被阳光铺满。
让街道充足温暖，
有的时候，
只需要做出小小的改变，
就能给老年人增加切实的幸福感。

晚间的步伐

春季，晚上
晴
上饶市，鄱阳县
鄱阳健步走道

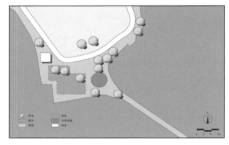

今天晴天，到了晚上没有那么寒冷，温度也比较舒适，适合人们出行运动。

绿道周围临近小区和湖水，风景优美，为周围的人们提供了比较好的锻炼区域。

绿道的跑道由塑胶材料铺筑而成，走起来比较舒适。附近还设置有亭子供人休息，在绿道两边也配置了乔木和灌木，绿道一侧、湖的上方还有跨度比较大的桥，桥上也有一些景观节点及绿化。这里的灯光设施比较完善，到了傍晚或者晚上，会有一些住在周围的居民来这里散步、带小孩。

【散步】

在跑道中间的一部分，两位穿着黑色衣服的中年人结伴一起出来散步，他们边散步边欣赏着四周的风景，两只手都插在口袋里，神情显得非常悠闲。漫步在塑胶跑道上，在灯光的照耀下，和周围的人聊天会让自己的心情变得十分愉悦。他们的脸上充满了笑容。

在通往大桥的路上，沿着绿道，灯光之下，一位老年女性不同于其他人慢悠悠地散步，她以很快的步伐往前走，似乎是想通过快走的方式锻炼身体。

滨水附近的健步走道，
不像公园那样布局丰富，
也不及广场那般宽敞，
线性的空间形态，
更加简洁明了。
夜晚的步道上，
月光和灯光洒满了每个角落，
老人们踏着婆娑的影子，
悠闲地散步，
感受月光的皎洁，
欣赏夜晚的水景，
呈现出和谐的氛围。

当代的城市，
汽车、尾气与噪声，
是街道中的主角，
健康、安全与绿色，
是马路上的奢望。

而这里，一条狭长的跑道，
一些简单的路灯和绿化，
没有太多的花哨，
即是一条便利的绿径，
弥补了城市公共空间的匮乏，
晚间，老年人在此迈起了步伐。

巷里巷外的活动

春季，下午
阴
上饶市，鄱阳县
饶州古镇

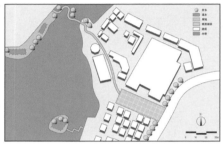

【闲坐】

在街道的一角，一位身穿红色衣服的老年女性坐在石头上，在她旁边有三人在交流，不过这位老人家似乎很累，两只手按摩着腿部放松自己，她并没有参与到她们的聊天中，而是一个人静静地坐着看着前方。

【带小孩】

位于小镇街道入口的一个大广场上，一位男性老人推着孩童车，他旁边应该是孩子的父亲和母亲，这位老人似乎是家里较为年长的长辈，他们应该是一家人出来游玩，在路上边走边聊天，非常欢快，家庭和睦而又温馨的场面总是令人感动。

今天是阴天，缺少了太阳带给人的温暖，但是温度却是比较适宜的。

该地段比较偏僻，交通不太方便，这里的街道新建不久，为的是打造一个充满古风特色的小镇，从而吸引人流量，带动经济和周围房地产行业的发展。

街道入口处是一个大牌坊，多处设置有廊亭供人休息，两侧建筑都具有古风特色，在里面散步能明显感受到古典园林的气息。这儿，基本都是年轻人带着自己的小孩游玩，也有部分人来看房子，氛围比较热闹。

【聊天】

一位男性老人和女性老人站在桥的一侧，都穿着黑色的衣服，靠近桥的扶手，这位女性老年人边看着桥外正在施工的建筑，边和站在她左边的年轻人聊着天，这位男性老人在旁边听着她们交流，时不时说几句加入她们的对话。

【观景】

在小路的尽头，一位男性长者走到了一堆石头面前停了下来，他面朝着正在施工的建筑和空地，似乎在构想建成后的景象。马路边还有一些行道树，树上挂满了灯笼，应该是为了迎接马上要到来的春节。

【摄影】

在广场的一角，一位中年男子在广场上散着步，向着风景比较好的地方走去。他两只手端着手机，放在正前方，似乎是拍着周围的风景，记录自己到过的地方，或者是想发在朋友圈，分享给亲戚好友，让大家一起感受这里独特的风景。

古镇的巷里巷外，
古色古香的建筑，
阡陌的小路，
潺潺的溪水，
以及宽敞的广场，
吸引了人们慕名而来，
欣赏园林风光。

空旷的入口广场，
为游人提供了足够大的活动场地，
小巷两边的休憩设施，
方便了行人的放松休息。

但是，
这里地理位置偏僻，
直达公交的缺少，
的士难以寻到，
对于行动不便的老年人，
都是难以克服的障碍。

行走的悠闲

春季，上午
多云
武汉市，武昌区
莲溪寺路

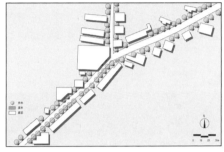

今天天气晴朗，温度较为适宜，适合人们出行运动。

莲溪寺路位于武昌区，连接了雄楚大道和丁字桥路，周边交通较为发达，过往车辆较多，交通比较便利，周围服务设施充足。丁字桥小学和丁字桥幼儿园都紧挨着街道，周围的小区也非常多，旁边还有一家医院。

街道尺度较小，不适宜同时通行多个车辆，大部分人以步行为主。街道两侧的行道树，有悬铃木与樟树，街道旁有各种各样的店铺，早餐店、零售店、五金店一应俱全。

【通行】

在武昌区丁字桥小学门口的街道上，有两位老年人在街道上散步。一位男性老年人头发苍白，左手提着蓝色袋子，微微地弓着背，走起路来略微缓慢；另一位女性老年人戴着一顶蓝色帽子，相比左边的老年人走起路来更有力，步伐也更为矫健。

在购物批发店门口的街道边，同样也有两位老年人在散步。走在前面的一位男性老年人边挥动着双手边往前走，应该是在活动筋骨，舒展身体；走在后面的是一位中年女性，她左手提着紫色的袋子，袋子里装满了菜，应该是为家里的午饭做准备。

【通行】

在武昌区丁字桥小学门口的街道上，一位女性老人家头发花白，戴着口罩，背着一个白色的挎包，手上提着两个大袋子，左手边提的是刚在菜市场买好的菜，右手边是红色的袋子。

【聊天】

在店铺门口的人行道处，两位女性老人家都戴着口罩，站在一棵悬铃木下聊天，她们的手上都提着袋子，应该是刚买完东西后一起聊天。面前的共享单车挡住了她们的空间，但是并不影响她们聊天，两人并排站着，谈论着生活中大大小小的各种事情。

在早餐店的门口，有两位男性老人家在聊天。其中一位老人家满头银发，戴着口罩，坐在电动车上。另一位老人家戴着帽子，虽然旁边有个小凳子，但他似乎没有打算坐下来，而是站着，比画着各种手势聊天，银发老人则耐心地听着他讲话。

这是一条普通的街道，
多年不曾翻新，
四周的建筑老旧，
居住小区鳞次栉比，
来往的行人络绎不绝，
两侧的悬铃木，
不在适宜生长的季节，
终究是枝叶稀疏。

街道空间的尺度不算太大，
可供停留休憩的设施也较为缺乏，
车辆的通行，
抑或是上下班的高峰点，
都会让街道空间变得拥挤，
拥挤的空间又容纳了多种活动，
正是这种小街巷，
不仅缩短了小区之间的路程，
也拉近了人与人之间的距离，
让老人之间的交流更为频繁，
给予独居老人一丝慰藉。

街道的功能不仅仅局限于交通，
散步聊天也是必不可少的活动，
一条街道的多样化场所，
需要行道树的界定，
一处合乎老年人需要的交流场地，
也需要行道树来参与成形。

巷里巷外的活动

春季，下午
阴
武汉市，洪山区
南湖大道

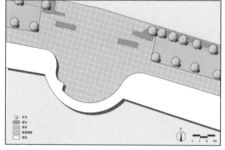

天气晴朗，傍晚的温度适宜，非常适合人们出行与运动。

广弘汇商业街位于南湖大道的一侧，周边有多个小区、地铁站和公交站，车辆来来往往，交通比较便利。

广弘汇商业街的绿化条件一般，只有街道两边种植了行道树，路面以硬质铺装为主。这儿的餐饮类别非常多，住在附近小区和学校的人都会来这儿吃饭聚餐，每个餐饮店都十分热闹。街道来往的人群数量较多，学生、家长、老人等各类人群都会在这儿散步交流。

【散步】

一位穿着白色衣服的男性老人家走在商业街上，推着一辆轮椅，似乎是坐在轮椅上太久了，想自己站起来运动一下。这位老人步履蹒跚，每一步都显得较为艰难，但是仍能够继续走下去，可以看出他坚定的毅力。

【通行】

在商业街的一侧，一位身穿黑色衣服、背着挎包、戴着手套的男性老人家迅速地迈着步伐往前走着，看上去应该是有什么急事。从走路的速度和姿势来看，这位老人家的身体较为健康，应该是长期锻炼养成了强健的体魄。

【带小孩】

在该商业街一处空旷的广场上，一位穿着黑色衣服的男性老人家带着自己的孩子在广场上散步玩耍，小孩看见自己脚下的路灯，便好奇地踩在上面，做着各种动作，看起来非常开心。这位老人也停下了脚步，扶着孩子，生怕他跌倒。

【跳舞】

商业街一处较大的广场处，有很多中老年人在这里跳广场舞。其中以女性老年人为主，她们跟随着音乐的节奏，忘我地跳着舞蹈，享受着舞蹈带来的精神愉悦。

【聊天】

在商业街广场的一处楼梯附近，有两位女性老人家带着自己的小孩，她们谈论着自己日常生活的点点滴滴。孩子在她们旁边玩耍，有一位男性老人家站在她们左边，在旁边静静地看着，没有参与到对话中。

商业街上，
开敞的广场，
宽阔的道路，
以及错落的灯光，
犹如娇艳的花朵在绽放，
照亮了来到这里的行人。

空间宽敞的人行道，
来来往往的人虽多，
但并没有感受到拥挤，
即使行动不便的老年人，
也可以顺利通行，
但是，景观单一的街道绿化，
大面积的硬质铺装，
令此地略显乏味。

繁华的广场之中，
舞蹈的长者，
悠闲的行人，
空闲的氛围，
愉悦的心情，
这些，需要适宜的活动场地，
足够的休憩设施，
以及丰富的植物景观。
商业街道空间的层次感，
是吸引老年人前来的关键。

调味生活

冬季，下午
晴
都江堰市
高桥市场小巷

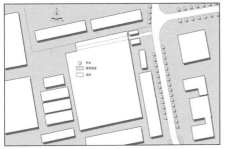

【买菜购物】

这条进出农贸市场的通道聚集了众多业态，长者的身影随处可见，他们通常在路口的商铺和摊位中便能买到自己需要的产品。大多数摊位的摊主也以长者为主，主要兜售当季时蔬，没有顾客时，他们便聚在一起小声地攀谈。

【散步】

这条充满烟火气的通道，也吸引着长者来散步聊天。遇见老顾客，店主们会和他们寒暄一番。就算腿脚不便、步履蹒跚，也阻挡不了老年人出门晒太阳的热情。穿着黑棉袄的长者背着手缓慢走过通道，用轮椅代步的女同志在出口缓缓行走。

冬季的暖阳令人愉悦，尽管温度不高，但阳光照在人们身上，给人们带来了丝丝暖意。

高桥市场位于四川省都江堰市的发展路与学府路二段的交叉处，场地呈方形，四面开设出入口。场地东侧为医院，其余三侧为居民区，既为周边居民提供了丰富的农贸产品，同时也是老年人活动的主要场所。

东西向的巷道，呈狭长的直线形，北侧为挡墙，南侧为商铺，如酒铺、干货铺、水果店，以及推车卖菜的摊位。摊主大多是老年人，来往的行人也以老年人居多。整个巷子以通行功能为主，缺少休憩设施，也没有植物等遮蔽物，但空间宽敞明亮。

都江堰的暖冬，
温暖和煦，
浸润人心，
是老人们喜爱的天气。
出门散步、买菜、访友，
每一项活动都能让老年人开心。

菜市场中，
老人们遇上老朋友、老顾客，
停下问候一番，
生活便如同添加了调味剂，
变得丰富了起来。

靠近主干街道的外部通道，
过往行人一目了然，
即使是腿脚不便的老年人，
也可就近买到需要的产品。
充满人情味的通道，
已成为老人们调剂生活的温馨空间。

街头的热闹

春季，上午
晴
衡阳市，雁峰区
南园农贸市场

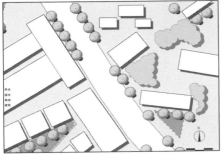

【棋牌活动】

下象棋这项益智脑力活动广受片区内老年人的喜爱，人们经常三五成群，叫上老友，分工明确，搬上一个折叠桌子、几个凳子，摆上棋局，开始"厮杀"。不一会儿他们就忘记了身边的环境，慢慢地周围就会聚集起来一群围观的人，随着棋局局势的变化，他们的脸上也呈现出各种神色。

戴着黑色帽子、穿着黑色皮衣的男性长者看起来胜券在握，其肢体语言放松而镇定，对面穿着蓝色羽绒服的长者，眉头紧锁，嘴唇紧紧地抿着，苦苦思考，围观群众也跟着紧张了起来，路人也被这种气氛感染，忍不住投去目光。

三月初，衡阳的天气已经渐渐暖和起来，街头巷尾聚集的人群也渐渐多了起来，人们更乐意享受在户外活动的时光。

南园农贸市场周边是年代较久的小区，北边是衡阳市第五医院，南边有老煤厂老龄活动中心，西北角为衡阳市八中，周围居民中老年人较多。

整个地块呈丁字形的条形分布，农贸市场前的人行道、衡阳市白沙工商所前的小巷子，是老年人最为活跃的公共空间，依托于旁边的农贸市场，整个片区环境舒适，充满了浓浓的生活气息。

【闲坐】

巷子里好像是大家的"安全地带",人们无惧于车辆往来,搬起小凳子就可以休息好久。一位穿着黑色羽绒服、长头发的女性长者,坐在店铺门前的空地上玩手机,四周人群来来往往,但她保持着玩手机的姿势过了好久。

【卖菜】

巷子与主路的交叉路口处,每天都有老年人摆摊卖菜。他们不会吆喝,只是静静地坐在路边等待,不时地与周边的人聊一下天。路过的人很多,大家也愿意停下来顺手买点新鲜的本地蔬菜带回家。虽然辛苦,但是每个人对生活都充满了期待。

【散步】

街巷里有一对夫妇,他们一边散步,一边聊天。穿着深蓝色羽绒服的男性长者明显步伐较快,需要时不时放慢步伐等待一下自己的老伴;戴着红色围巾的女性长者,始终迈着稳定的步伐紧随前行。

街头巷尾，
容易路遇邻居，
下象棋与散散步，
玩手机与晒太阳，
摆地摊与唠家常，
使街头巷尾变成了热闹场所。
这里，抬头不见低头见的相聚，
老年人友好邻里关系得以培育。

农贸市场，
带来了周边商业贸易的繁荣，
引领了临近街巷空间的商业经营，
也促进了老年人的户外活动。

缺失集聚性空间的狭长街巷，
人群汇集的道路交叉口，
虽然影响交通也存在隐患，
但选择几处场地，
增加一些设施，
老年邻里街坊日常即能得到保障。

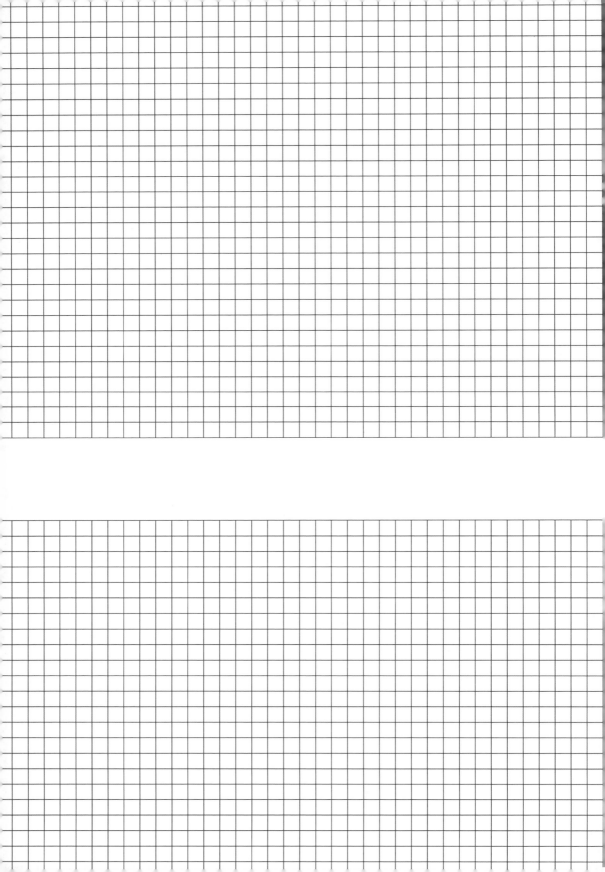

6

银龄生活导向下的公共空间营造

6.1 银龄户外生活类型

人从一出生就开始不断地奔跑，随着光阴的流逝，脚步逐渐不再平稳，许多以前热爱的运动也渐渐有些力不从心，被甩得远远的疾病也如恶狗一般缠了上来。随着生理机能的老化，老年人的健康问题日益突出，各种慢性疾病与突发疾病成为影响老年人健康的问题之一。多进行体力活动、养成多动多出行的生活方式和行为习惯，可有效预防慢性疾病，是老年人保持身体机能健康的方式与途径之一[39]。体力活动于 1985 年被 Caspersen 等定义为由于人体肌肉组织所产生的任何消耗能量的身体动作[40]。WHO 指出个人生活方式对人健康影响比重达到 60%，而医疗条件的影响仅为 8%，其余为遗传等不可控因素。WHO 倡导老年人每周至少进行 150 分钟的中大强度的体力活动，同时提出轻强度的体力活动对老年人的身体健康也是有益的[41]。

从古至今，人们一直在追求长久的健康，早在三国时期华佗就发明了五禽戏用于强身健体与延年益寿，现代社会也一直着眼于老年人体力活动的研究，希望保持老年人健康的身体。20 世纪七八十年代起，国外对老年人体力活动开展了大量的研究。1979 年 Basu[42] 与 Canto[43] 通过老年人户外活动的研究，得出老年人随着年龄的增长，其活动范围也相应缩小的结论。相应的，部分学者给出了解释原因，认为外部交通的可达性不足是阻碍老年人远距离活动的原因之一。其中 Robson 的研究指出，老年人因身体机理下降，逐渐放弃小汽车，步行与公共交通是其使用频率最高的出行方式[44]。而部分学者指出，老年人活动范围的缩小受到包括经济状况、社会地位等在内的个人条件限制。

20 世纪 90 年代以来，我国对老年人的出行方式以及心理特点进行了研究。路有成指出，居民的出行活动受到居住区域以及交通工具等长期要素与出行意图及出行伙伴等短期要素的影响，其中老年人受自身与交通条件的共同影响[45]。刘志林等人通过对深圳老年人休闲时间的利用分析，得出其活动频率最高的空间范围为自家一千米范围内，居民的活动类型倾向于消遣型活动[46]。万邦伟指出，老年人的活动具有一定的领域性、时域性与地域性规律[47]。而孙樱等人以北京市地区老年人的活动为研究对象，得出老年人的活动时段存在一定的间歇性，老年人休闲生活的内容、方式和活动半径在一定程度上受季节变化的影响，此外，老年人的自身属性也会对体力活动产生一定影响[48]。

深入公共空间的各个角落，笔者看到了丰富多彩的老年人体力活动，逐渐明白，银龄生活也可以如此绚丽多姿。如果将观察到的老年人体力活动做分类，可以从两个角度来谈。从活动本身的性质来说，老年人体力活动可以分为休闲娱乐活动、康体健身活动、文化演艺活动、日常伴生活动、商贸经营活动五类。其中，休闲娱乐活动主要包括棋牌活动（下棋、打牌）、放风筝、钓鱼、遛狗、摄影、观景、聊天、听广播、晒太阳、玩手机、闲坐、看报、停驻、喝茶、社区活动、种植浇花、看戏等；康体健身活动包括球类运动（打羽毛球、乒乓球）、散步、跑步、舞剑、打拳、打太极、器械运动、康复活动、爬山、舞扇子、耍鞭子、玩呼啦圈、抖空竹、踢毽子、打陀螺等；文化演艺活动包括唱歌、跳舞、乐器演奏、模特表演、书法练习等；日常伴生活动包括买菜购物、带小孩、扔垃圾、通行等；商贸经营活动包括卖菜、招租、摆摊、算卦、理发、卖气球等。

图 6.1
休闲娱乐活动

棋牌活动　　　　放风筝　　　　　钓鱼　　　　　遛狗　　　　摄影

观景　　　　聊天　　　听广播　　　晒太阳　　　玩手机　　　闲坐

看报　　　停驻　　　　喝茶　　　社区活动　　种植浇花　　　看戏

图 6.2

康体健身活动

打羽毛球　　打乒乓球　　散步　　跑步　　舞剑　　打拳

打太极　　器械运动　　康复活动　　爬山　　舞扇子　　耍鞭子

玩呼啦圈　　抖空竹　　踢毽子　　打陀螺

图 6.3

文化演艺活动

唱歌　　跳舞　　乐器演奏　　模特表演　　书法练习

图 6.4

日常伴生活动

买菜购物　　带小孩　　扔垃圾　　通行

图 6.5

商贸经营活动

卖菜　　招租　　摆摊　　算卦　　理发　　卖气球

从活动强度来说，老年人体力活动可以分为低强度体力活动、中强度体力活动、高强度体力活动三类。其中，低强度体力活动包括棋牌活动（下棋、打牌）、钓鱼、聊天、听广播、晒太阳、玩手机、闲坐、看报、停驻、喝茶、看戏、书法练习、扔垃圾、通行、算卦等；中强度体力活动包括遛狗、摄影、观景、社区活动、种植浇花、散步、康复活动、唱歌、乐器演奏、模特表演、买菜购物、带小孩、卖菜、招租、摆摊、理发、卖气球等；高强度体力活动包括放风筝、球类运动（打羽毛球、打乒乓球）、跑步、舞剑、打拳、打太极、器械运动、爬山、舞扇子、耍鞭子、玩呼啦圈、抖空竹、踢毽子、打陀螺、跳舞等。

褪去了工作的外衣，老人们紧绷的神经突然放松下来，好好生活成了往后余生每日的主题。老年退休后的生活规律会发生较大的变化，居家生活取代工作成为老年人日常活动的主旋律。作为社会特殊群体，老年人拥有独特的身体机能与心理状况，生活时间也会大大充实，因此老年日常体力活动相应的表现出特殊性，在活动内容、活动频率、活动强度、活动时间、活动范围等方面，都有其特定的规律。比如，在活动时间方面，老年群体相对来说拥有更多自由可分配的时间，因而老年体力活动的时间会表现出随意性及均等性。在活动范围方面，因为老年人身体机能变化，所以日常体力活动范围发生相应变化，基本限定在日常生活活动圈内，偶尔会扩

图 6.6
低强度体力活动

棋牌活动　　钓鱼　　聊天　　听广播　　晒太阳

玩手机　　闲坐　　看报　　停驻　　喝茶

看戏　　书法练习　　扔垃圾　　通行　　算卦

图 6.7

中强度体力活动

遛狗	摄影	观景	社区活动	种植浇花
散步	康复活动	唱歌	乐器演奏	模特表演	买菜购物
带小孩	卖菜	招租	摆摊	理发	卖气球

图 6.8

高强度体力活动

放风筝	打羽毛球	打乒乓球	跑步	舞剑	打拳
打太极	器械运动	爬山	舞扇子	耍鞭子
玩呼啦圈	抖空竹	踢毽子	打陀螺	跳舞

　　大到邻里活动圈，少有会到市域活动圈的范围。老年人在生理上、心理上以及生活习惯上与年轻人差异明显，在出行购物、健身锻炼以及休闲娱乐等活动的空间环境选择上有独特的规律性。

公园中、社区内、校园里、街道上，老年人的身影无处不在，他们积极地生活着，创造了形形色色的老年活动，描绘出当代银龄生活的美好画卷。老年人体力活动的特点如下。

第一，时域性。老年人不同类型的体力活动有不同的时间点，且时间较为固定。在老年体力活动时间特征方面，进行休闲娱乐类活动的时间大多在上午，文化演艺活动大多发生在晚上，在晚上跳广场舞的老年人多，日常伴生类体力活动大多发生在上午，一般老年人在上午购物买菜和送小孩上学，康体健身类体力活动多发生在早上，但老年人习惯于下午或者晚上散步。

第二，时段性。老年人每天的活动时间大多集中在早上 6:00—8:00，下午 16:00—17:30，晚上 19:30—21:30。同时，不同类型的老年体力活动持续时间多有差别。其中，发生强度较高的棋牌活动持续时间一般在 3~5 h，聊天活动持续时间一般在 1~4 h，晒太阳一般持续 2~3 h，乐器演奏、唱歌、书法练习、散步一般持续 1 h，跳舞活动一般持续 2~3 h，买菜购物、接送小孩、接水、扔垃圾、打拳、器械运动、慢跑、做操、舞剑的持续时间在 1 h 之内，球类运动一般持续 0.5~2 h。

第三，地域性。老年人对熟悉的空间会产生一定的依恋感，并产生长久前往的习惯。这是老年人因自身身体机能下降而导致的安全感缺失的反映之一。问卷访谈表明，部分老年人会因为距离而放弃那些吸引力强的空间，同时也有少部分老年人表示不在乎距离的远近，只要空间足够有吸引力就会前往。老年人通常喜欢在入口处及广场进行活动，这些空间往往人流如织，人与人之间相互监督，能够给老年人安全感。

第四，自组织性。集体活动都自发组织在开敞的节点空间，小型活动则集中在公园中较为隐蔽的空间。一般来说，使用强度较高的空间，是老年人群体基于自身健康活动方式的需求，根据空间场地的物理舒适度、形态及可达性等条件，进行自组织选择的结果。不同区位、尺度、形状及设施条件的空间，其老年人群体组成与规模也不尽相同。

第五，稳定性。主要表现在 4 个方面：①每处场地中个体、小型群体及大型群体 3 个主体群的数量与组成变化很小；②活动类型难以发生改变；③相对动态与静态的活动几乎固定在同一空间场所，但活动强度会略有起伏；④早上时段，男性群体总是偏向于静态活动，主要是徒步之后的集聚聊天或演奏乐器，女性群体则总是偏向于动态活动，主要是快节奏舞蹈或者慢动作气功及武术健身等。

第六，耦合性。老年人体力活动之间存在健身与交流互动耦合关系，主要有 2 种方式：①活动→展示→旁观→参与（或者激发参与）→新活动（或者原有活动延续），例如，在路径休闲座椅处拉二胡的退休男性，时而会吸引路过的老年人驻足，并参与伴唱；②同一群体活动自身的耦合，即健身→交流→健身的循环，并且集体健身本身就具有表演性质。老年人群体的身心健康在群体、空间、活动、心理间的正向互动作用之下，得以整体保持与优化提升。

第七，社会性。一方面，早晨时段，大多被使用的公共空间，基本固定属于某一特定小型老人群体或个体，其性别组成、人际关系、活动方式，每日均呈现出固定的状态。另一方面，傍晚时分，公共空间中的活动群体社会关系呈现出高度复合性，承担了重构老年群体社会关系网络的功能。

老年人生活具有显著的特点：规律的作息、固定的圈子、重复的活动、一日两处三餐四季五味六欲七情。生活，终将归于平淡，亦是生命的馈赠。

6.2 公共空间适老性营造

面向今后的银龄生活，公共空间的适老性规划与设计重在提高空间的开放性、可达性、协调性、均衡性及多样性等，其营造可参考以下三项基本原则。

第一，双适应性设计。一是对我国特色老年人群体健身性活动与交往性活动的双适应性，徒步健身与闲聊交往已经成为我国老年群体特色的两种身心健康活动模式，目前广场舞也成为我国女性长者独特的健身与交往活动方式，公共空间设计宜关注适合这三种活动方式所用的空间布局。二是对我国特色"朋友"型户外活动与"家庭"型户外活动的双适应性，基于朋友关系、家庭关系的户外活动，是目前我国老年人群体的重要社交方式之一，公共空间规划与设计宜从这两种活动内容需求做出呼应。

图 6.9
双适应性设计

（a）健身性活动与交往性活动　　（b）"朋友"型户外活动与"家庭"型户外活动

第二，点、线、面空间的针对性整合设计。面域空间应注重其在整体布局中的结构控制作用，而非其大尺度的活动场所作用；线性空间应注重结构控制与活动场所的双重角色；节点空间则应注重活动场所作用。如宽敞草地、水域空间具有引力核效用，宜成为所有活动场所的布局核心；具有相对场所感与一定私属感的小面积空间，宜成为老年人群体的活动场所。节点形制、弱光环境的空间适合老年人静态活动，线性形制、强光环境的空间适合老年人动态活动。适老性公共空间的规划设计宜整合三者进行一体化设计。

图 6.10
点线面空间的针对性整合设计

第三，激励式的关爱型设计。关爱老年人群体，考虑老年人群体的身心健康，应对老年人群体进行建立在关心、关爱与关护基础上的社会关注。日常生活中并不是老年人特意寻求静谧，而是公共空间中没有营造激励他们参与集体活动的公共场所，如"广场舞"场所。城市公共空间及其景观设计，宜为老年人群体提供激励他们能够参与社会活动并展现社会价值的场所，这些活动的行使者不仅包括老年人群体，还应包括儿童及青少年，以最大满足老年人群体内在的社会存在感需求。

图 6.11

激励式的关爱型设计

银龄生活导向下，基于公共空间建设现状及基本原则，分别从周边环境、空间布局、内部设施、空间绿化四个方面提出相应的空间规划设计策略。

图 6.12

适老性公共空间营造策略

在周边环境方面，主要根据老年人生活圈进行设置。首先，结合老年人的出行特点，引入老年人"5 分钟生活圈"的概念，同时，基于老年人"10 分钟生活圈"与老年人"15 分钟生活圈"需求，形成 300~800 米服务半径的公共服务设施建设，并与最基本的"5 分钟生活圈"形成等级化的圈层布局模式。就交通服务而言，应在 5 分钟生活圈内布置公交站，大型老年人聚集空间应在 10~15 分钟生活圈内布置地铁站，若不满足需求，至少在范围内布置可以就近到达地铁站的公交站，以满足老年人的远距离出行需求；就业态服务而言，应在 5 分钟生活圈内布置商超、卫生站以及金融服务设施以满足日常需求，10~15 分钟生活圈内则需要建设医院、商超，以满足多个住区老年人的多样化需求；就景观条件而言，应在 5 分钟生活圈内布置小型街头绿地与休憩活动场地，对于 10~15 分钟生活圈，应该布置较大型的公园及广场。

在空间布局方面，开放空间与私密空间应结合设置，兼顾老年人的私密性需求和社会交往需求，且开放性空间设施应当多于私密性空间设施，满足老年人的心理需求。老年人对空间的安全性要求较高，为了保证空间的开放性，公共空间应尽量选择相对开敞的区域，控制周边建筑的层高，保证一定程度的视线通透，创造更加安全、有防卫感的空间。同时，空间的设计应符合"瞭望 - 庇护"理论，满足老年人活动的心理需求。在住区公共活动空间中，老年人享受着"看"与"被看"活动的心理满足感，空间中既要设计满足老年人心理安全的观赏性活动场所，也要设计可进行老年体力活动的表演性公共场所，以形成多层次的老年体力活动。

图 6.13
多层次的老年体力活动

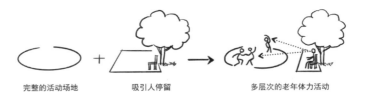

完整的活动场地   吸引人停留   多层次的老年体力活动

在空间绿化方面，宜从绿化分区、植物配置和种植方式三方面来考虑，以营造清新的空气与自然的植物景观，吸引老年人进行户外活动。就绿化分区而言，绿化布置遵循空间的布置划分，可分为较小活动区域、开敞活动区域与局部过渡区域。其中，在两个空间的边缘区域种植部分乔木与低矮的灌木以形成围合感，在二者交接的区域，通过部分道路与低矮的灌木进行分隔，同时保证视线的开阔。就植物配置而言，植物的种植选择需要满足季相特征，注重色叶植物的配置，同时多选用一些常绿植物以避免凋谢带给老年人的失落感，并且避免有害植物的种植。就种植方式而言，可采用局部组团的方式代替完全顶面覆盖的常规做法，并搭配大小乔木，大乔木遮阴、小乔木增加景观层次、灌木围合，加之花卉配置，以丰富植物景观的观赏层次。同时提升部分空间的开阔感，为老年人提供丰富且舒展的活动场所。

（a）绿化分区

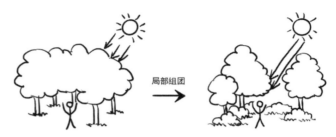

局部组团

（b）种植方式

图 6.14
适老性公共空间营造策略

在内部设施方面，分为休憩设施、无障碍设施与健身娱乐设施三部分，充分保证设施的可达性、恢复性、均好性、通行性、停留性以及可见性。在公共设施上，提高公共设施分布的合理性及数量，便于老年人日常生活及开展活动。另外，应提供不同层级的设施配置：第一层级为老中青均可使用的常态化设施集群，第二层级为能够自理的老年人所使用的自理型设施集群，第三层级为部分介护老人使用的介护型设施集群。其中，常态化设施集群宜布局在周边的区域，自理型设施集群则布局在中心区域周边，而介护型设施集群分布在建筑周边的公共空间内，并保证每个区域均有布局，呈点状分布。在无障碍设施上，应整体加强公共空间无障碍设施的建设，为腿脚不便的老年人提供户外活动保障。在无障碍设施健全度高的公共空间，老年人多喜爱进行散步及慢跑等流动式的康体健身类老年体力活动，所以应增加公共空间整体的通达性及道路质量，在必要处增设扶手等安全设施。在健身娱乐设施上，应提升健身娱乐设施建设的健全度，同时提升现有健身娱乐设施的数量，增加健身娱乐活动场地对老年人的吸引力。同时，鉴于带小孩的老年人居多，应考虑在儿童游乐设施周边增建老年休憩交流空间，促进公共空间的老幼共享，以提升公共空间的代际使用效率。

基于以上关于适老性公共空间营造的原则及策略，就城市公园、居住区公共空间、校园公共空间和街道公共空间四类公共空间提出相应的适老性营造模式。

针对城市公园的适老性营造模式，提出以下五点现状问题及建议。

第一，周边环境方面，着重考虑城市公园的可达性，尤其关注与居住区的距离。老年人行动不便，公园的可达性是老年人选择目的地的重要标准，在规划与设计中应充分考虑这一问题，同时在距离较近的位置设置出入口；若城市公园中有专门的老年人区域，则应设置在距老年人聚集区较近的位置。

第二，空间布局方面，城市公园现有的活动空间类型较为单一。为满足老年人的多种心理需求，应营造多种类型的空间，如相对私密的休憩空间、舒适的半开敞空间、社交聚会的开敞空间等。其中，承载集体活动的开敞空间的营造最为重要。

第三，空间绿化方面，现有城市公园整体绿化水平有待提高，部分区域缺少荫庇空间，滨水公园的水岸线形态较为僵化死板。应注意公园绿化环境的维护，如裸露土地上的植物补种、乔灌木的养护等；对于广场区域，增加一定的乔木，形成足够的荫庇空间；对水体的形态进行重新设计，尽可能保留其原本自然的形态，或设置自然式水体，增加环境的亲切感。

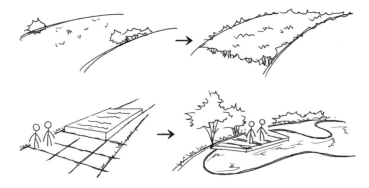

图 6.15
裸露土地补种植物

图 6.16
多层次的老年人体力活动

第四，内部设施方面，城市公园中现有的座椅数量不足、质量较差且分布不合理。为满足老年人更多的休憩需求，应增加座椅数量；同时对座椅进行必要的维护及改造，以增加舒适度，如将石质座椅改造为木质座椅；另外，为满足老年人聚集的心理需求，座椅等休憩设施应重新布局设计，以集中布置为主、分散布置为辅，减少老年人交谈的距离，便于老年人之间进行交流。

图 6.17
座椅布局以集中式布置为主

第五，设计特色方面，增强城市公园的地域性与人文性，增加其与历史的联系。应注重与当地地域特色及历史文化的融合，尤其对于文化类城市公园，可增加突出文化属性的特色雕塑、标识、基础设施等，体现公园的特色，增加吸引力及文化认同感。

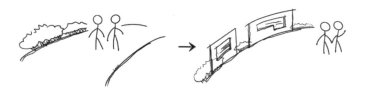

图 6.18
增加文化性景墙

针对居住区公共空间的适老性营造模式，提出以下四点现状问题及建议。

第一，空间布局方面，部分居住区公共空间活动区域的使用过于集中，不同类型的活动之间易形成冲突，部分因选址不当而无人问津，两极分化严重。居住区公共空间的设计应满足老年人的多样化活动需求，选择适当的区域设置公共空间，增加标识牌、利用植物配植等引导老年人前往公共空间进行活动；同时结合老年人的活动需求进行合理的活动分区，为广场舞等集体活动预留充足的活动场地，且在不同时间段满足不同人群的不同使用需求，避免与行人通行等活动发生冲突。

图 6.19
选择适当的区域设置公共空间

第二，空间绿化方面，部分居住区公共空间缺少荫庇空间，降低了老年人的使用意愿；并因植物后期管理不当局部土地裸露，影响美观。应注重植物养护，在重要节点如居住区游园强化植物配植，重点是创造良好的使用感受及视觉感受。

第三，内部设施方面，现有多数住区老年人的公共服务设施相对缺少，座椅及健身器材的数量不足，缺乏基础设施的适老性设计。为满足居住区大量老年人的需求，应增加满足老年人需求的基础公共服务设施，如增设老年人活动中心等；在场地条件的限制下，为满足老年人休憩的需求，可将树池改造为树池座椅，增加休憩设施；同时，完善基础设施的适老性设计，提高老年人活动的安全性，如进行无障碍设计，增加紧急呼救装置、防滑带等。

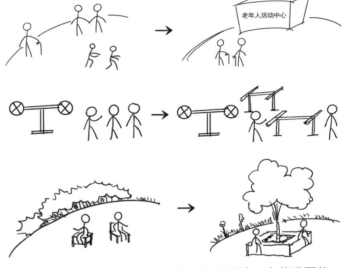

图 6.20
增设老年人活动中心

图 6.21
增加座椅及健身器材

图 6.22
树池和座椅相结合

第四，物业管理方面，现有居住区部分场地卫生状况不佳，夜间照明不足。应对居住区公共空间进行规范的保洁工作，定时全面清扫地面、收集垃圾，并定期开展如墙面、基础设施等的专项保洁，创造良好的居住区生活环境；同时，增加一定量的夜间照明，保证场地安全，且尽量选用暖色灯光代替冷色灯光，避免灯光刺眼，营造场地温馨的氛围，增加空间环境的亲和力及舒适度。

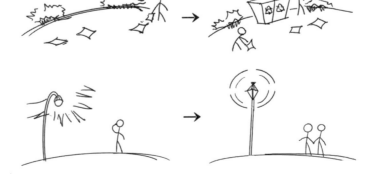

图 6.23
规范化的卫生保洁工作

图 6.24
暖色灯光代替冷色灯光

针对校园公共空间的适老性营造模式，提出以下三点现状问题及建议。

第一，空间布局方面，部分空间视线设置不合理，针对老年人的活动空间不足，特别是展示性空间。部分场地追求设计的艺术感，进行大量的视线阻隔，极易使老年人产生不安全的心理感受，同时从心理上阻隔了各老年群体间的联系，场地设计应满足老年人对于开敞空间的需求，创造大量视线通畅的空间，最大限度满足老年人心理及生理需求；适当增加老年人展示空间，如在部分校园公共空间内设置适合老年群体展示的平台，便于进行老年人模特表演、乐器演奏、绘画、书法等户外活动，增加老年人与年轻人的交流机会。

第二，内部设施方面，相对缺乏无障碍设施及适老性设计，健身器材尺寸主要针对年轻学生群体，但不符合老年人的需求。大部分校园历史比较悠久，校园公共空间内存在铺装不平整，出入口坡道、台阶损坏等安全隐患，对老年人造成较大的威胁，应充分考虑老年人的生理特征，满足老年人的安全需求，修缮场地基础设施，完善基础设施的适老性设计，特别是增加无障碍设施。

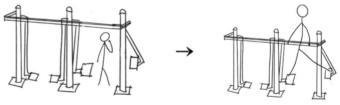

图 6.25
选择符合老年人需求的健身器材

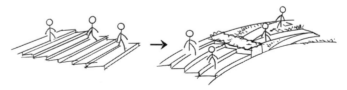

图 6.26
改善坡道及台阶

第三，校园公共空间内人车混流问题严重，大量年轻学生群体上下课骑自行车，部分教职工上下班驾驶机动车等，这些对老年人来说存在很大的安全隐患。道路空间应进一步进行适度的人车分流，改善校园步行环境，进行校园步行空间的适老性建设；改善路面材质，使得步行空间便于轮椅通行；

并杜绝非机动车及机动车的乱停乱放，避免阻挡人行道，保证步行空间的连续性。

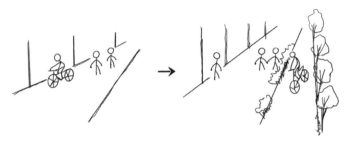

图 6.27
进行人车分流

针对街道公共空间的适老性营造模式，提出以下五点现状问题及建议。

第一，周边环境方面，部分街道公共空间的边界较为模糊，街道公共空间与通行区之间存在一定的使用冲突，并且部分街道人行道部分较为狭窄，人车混行，不能承载足够的人流量，老年人行走存在一定的危险性。应根据实际需求增强街道公共空间与非机动车道之间边界的清晰度，分隔通行区与活动区，在人流密集区拓宽道路尺度，避免与通行活动产生冲突。同时，在边缘过渡带增设过渡性景观和设施，提高空间感与场所感。

图 6.28
界定街道公共空间边界

图 6.29
根据人行流线调整铺装方式

第二，空间布局方面，缺乏相对私密的空间场所。建议丰富休憩区的空间围合形式，创造不同私密等级的街道公共空间，适应匿名交往、亲密交往、静坐等不同的休憩模式，满足东方文化及心理背景下老年人的多种需求。

第三，内部设施方面，部分街道的照明设施不足，缺乏休憩设施，部分街角广场缺乏健身设施。应关注到设施的安全性与舒适性，增设适老性设施：增加带有遮阳与抗寒风功能的休憩设施，营造老年人停留的交流空间；增设锻炼设施，促进老年人的健康活动；增设照明设施，降低老年人受伤害的风险；增设景观小品及雕塑等，提升街道的文化氛围；并改善街道及广场中建筑立面的景观效果，提高街道公共空间的舒适性。

第四，空间绿化方面，部分街道公共空间缺乏有效绿化。植物不仅能有效抑制飞尘与隔绝噪声，还能改善生态与美化环境。街道公共空间建设应在满足通行的基础上，尽可能种植植物，在特色或重点街道段进行植物的分层设计，增设道旁绿篱与行道树，营造多元化的绿色空间，起到防尘隔声的作用，形成荫庇空间；创造多层次的植物景观，在满足生态需求的基础上，进一步满足人们观景的需求，给老年人带来愉悦感；在街角广场中采用种植池与座椅相结合的方式，创造大乔木形成的荫庇空间，同时满足老年人的休憩及交流需求，形成舒适的老年人交流区。

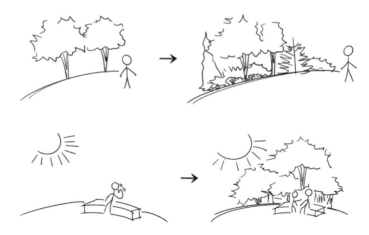

图 6.30
植物分层设计

图 6.31
利用大乔木形成荫庇空间

第五，设计特色方面，建议通过提高街道公共空间的文化品位和引入时尚元素，吸引游人留驻、休憩、游玩。另外，鉴于城市室外天气的地域特殊性，应针对不同季节、不同时段的使用需求完善街道的文化设施，同时增加公共雕塑及环境艺术设施，以增强老年人对城市街道文化氛围的体验感。

参 考 文 献

[1] 罗德启 . 世纪之交的老龄居住问题 [J]. 建筑学报 , 1996(01): 30-35.

[2] 陈友华 . 关于人口老化标准问题的理论思考 [J]. 人口学刊 ,1994(04):34-43.

[3] 刘远立 . 老年健康蓝皮书：中国老年健康研究报告 (2018)[M]. 北京：社会科学文献出版社 , 2019.

[4] 吴岩 . 重庆城市社区适老公共空间环境研究 [D]. 重庆：重庆大学 , 2015.

[5] 王洵 . "健康老龄化"研究的回顾与展望 [J]. 人口研究 , 1996(03):71-75.

[6] 邬沧萍 . 全面建成小康社会积极应对人口老龄化 [M]. 中国人口出版社 , 2016.

[7] 王鸿春，曹义恒 . 中国健康城市建设研究报告 (2020)[M]. 北京：社会科学文献出版社 , 2020.

[8] 胡庭浩，沈山 . 老年友好型城市研究进展与建设实践 [J]. 现代城市研究 , 2014(09): 14-20.

[9]ORGANIZATION W. Global age-friendly cities: a guide[R]. UN: Word Health Organization, 2007.

[10]HAVIGHURST R J. Successful Aging[J]. Gerontologist, 1961,1(1): 8-13.

[11] 吴志强，李德华，城市规划原理 [M]. 4 版 . 北京：中国建筑工业出版社 , 2010.

[12] 简·雅各布斯 . 美国大城市的死与生 [M]. 南京：译林出版社 , 2005.

[13]CARR S. Public Space[M]. Cambridge: Cambridge University Press, 1992.

[14]LYNCH. The image of the city[M]. M.I.T. Pr., 1960.

[15] 李德华 . 城市规划原理 [M]. 3 版 . 北京：中国建筑工业出版社 ,2001.

[16] 联合国住房与可持续城市发展大会 . 新城市议程 [J]. 城市规划 , 2016,40(12):19-32.

[17] 李云鹏 . 适老化康复景观设计研究 [D]. 北京：清华大学 , 2013.

[18]CARSTENS D Y. Site planning and design for the elderly :issues, guidelines, and alternatives[M]. New York: Wiley, 1993.

[19] 李昕阳 . 养老设施外部环境的健康促进研究 [M]. 北京：中国建筑工业出版社 , 2019.

[20]KESKINEN K E, RANTAKOKKO M, SUOMI K, et al. Nature as a facilitator for physical activity: Defining relationships between the objective and perceived environment and physical activity among community-dwelling older people[J]. Health Place, 2018,49: 111-119.

[21]TAKANO T, NAKAMURA K, WATANABE M. Urban residential environments and senior

citizens' longevity in megacity areas: the importance of walkable green spaces[J]. J Epidemiol Community Health, 2002,56(12): 913-918.

[22]RODIEK S D, FRIED J T. Access to the outdoors: using photographic comparison to assess preferences of assisted living residents[J]. Landscape and urban planning, 2005,73(2): 184-199.

[23]BOOTH M L, OWEN N, BAUMAN A, et al. Social-cognitive and perceived environment influences associated with physical activity in older Australians[J]. Prev Med, 2000,31(1): 15-22.

[24] 刘正莹, 杨东峰. 邻里建成环境对老年人户外休闲活动的影响初探——大连典型住区的比较案例分析 [J]. 建筑学报, 2016(06): 25-29.

[25] 刘立明. 城市滨水公园景观研究 [D]. 南京: 东南大学, 2004.

[26] 周建东. 城市风景名胜公园环境容量研究 [D]. 南京: 南京林业大学, 2009.

[27] 郑昱, 尉东生. 城市文化主题公园的景观设计 [J]. 建筑经济, 2020,41(09): 157-158.

[28] 蒋洁, 吴尧. 无锡梁溪区街头游园景观优化设计研究 [J]. 大众文艺, 2019(02): 151-152.

[29] 朱瑞冉. 居住区中心绿地开放性设计研究 [D]. 哈尔滨: 哈尔滨工业大学, 2008.

[30] 杨赛丽. 城市园林绿地规划 [M]. 5 版. 北京: 中国林业出版社, 2016.

[31] 李丰祥, 宋杰. 基于 WSR 思想的城市社区体育空间建设研究 [J]. 体育科学, 2006(06): 43-46.

[32] 潘峰. 大学校园公共空间人性化设计研究 [D]. 武汉: 武汉大学, 2005.

[33] 彭筠. 基于景观功能视角的大学校园综合活动空间设计研究 [D]. 广州: 华南理工大学, 2017.

[34] 姜楠. 基于知觉现象学下的高校广场空间设计研究 [D]. 北京: 北京建筑大学, 2020.

[35] 徐文辉. 城市园林绿地系统规划 [M]. 3 版. 武汉: 华中科技大学出版社, 2018.

[36] 吴志勇, 吕萌丽. 广州市城市道路节点空间使用状况评价报告 [J]. 规划师, 2007(03): 82-86.

[37] 吕萌丽, 吴志勇. 基于环境行为学的城市道路节点空间整合研究——以广州市为例 [J]. 规划师, 2010,26(02): 73-78.

[38] 谢毅. 市政道路节点绿景对道路交通功能改造提升的影响研究 [J]. 林业调查规划, 2019,44(05): 217-221.

[39]HANSMANN R, HUG S, SEELEND K. Restoration and stress relief through physical activities in forests and parks[J]. Urban Forestry & Urban Greening, 2007,6(4):213-225.

[40]CASPERSEN C, POWELL K, CHRISTENSON G. Physical activity, exercise, and physical

fitness[J]. Public Health Reports, 1985,100:125-131.

[41] 燕起超 , 黄寅森 . 体力活动对老年人身体健康的影响 [J]. 西部皮革 , 2017,39(10):147.

[42]BASU R. The effects of aging on residential changes and mobility of the low income elderly [microform] : a case study from Allegheny County, Pennsylvania /[J]. The East Lakes geographer Columbus, 1979,14:17-25.

[43]CANTOR M H, MAYER M J. Factors in Differential Utilization of Services by Urban Elderly[J]. Journal of Gerontological Social Work, 1979,1(1):47-61.

[44]ROBSON P. Patterns of activity and mobility among the elderly[J]. John Wiley & Sons: New York, 1982:265-280.

[45] 路有成 . 芜湖市居民出行心理行为研究 [J]. 人文地理 , 1996(01):44-48.

[46] 刘志林 , 柴彦威 , 龚华 . 深圳市民休闲时间利用特征研究 [J]. 人文地理 , 2000(06):73-78.

[47] 万邦伟 . 老年人行为活动特征之研究 [J]. 新建筑 , 1994(04):23-26.

[48] 孙樱 , 陈田 , 韩英 . 北京市区老年人口休闲行为的时空特征初探 [J]. 地理研究 , 2001(05):537-546.

致　谢

本书的编写和出版与整个团队的努力及合作分不开，在近年来基金研究坚实的基础上，又进行了理论研究的深化与实践探索的拓展，最终成书。

在理论部分，感谢华中科技大学建筑与城市规划学院2016~2018级硕士研究生何妍伶、潘欢欢、王亚楠、李红玲、刘小萌、徐文飞、谢琪熠、熊颖慧、杨鑫怡，他们完成了前期理论的积累与适老性公共空间营造的初步探索，为本书提供了重要的参考资料。感谢赵孜冉完成了理论文字的梳理及撰写，杨清章、严汝林进行进一步修改与完善。感谢冯雅伦、赵孜冉承担了配图绘制的工作。

在实践部分，感谢华中科技大学建筑与城市规划学院2019~2021级硕士研究生王云静、罗颖、冯雅伦、严汝林、赵孜冉、杨清章及华中科技大学2018级城市规划专业全体本科学生，他们为本书提供了丰富的一手调研资料。为了让本书的内容更加全面和典型，学生们调研的时间跨度长、地理位置跨度大。在冬天收集照片时克服了严寒的困难，在夏日炎炎时战胜了酷暑的炎热，坚持外出调研，寻找合适的素材、拍摄场地和老年人活动场景。特别感谢赵孜冉、杨清章、严汝林承担了实践部分文字的整理工作。

非常感谢所有学生对这本书的创作热情，以及他们丰富的创造力与敏锐的观察力。从资料的搜集、结构的梳理，到文字的编写、书籍的排版，直至成书的出版，他们投入了很多精力，提供了巨大的帮助。书的整合排版也经历了很多曲折，从资料的整理创作到终稿的成型，进行了很多次的改版及修订，最终确定以此方式呈现给读者，用独特的视角让更多的人了解银龄生活，引发人们对老龄化问题及公共空间适老性营造的思考。

非常感谢华中科技大学建筑与城市规划学院及景观学系对本书出版的大力支持，感谢华中科技大学出版社对本书的认可与出版支持。

本书受到国家自然科学基金面上项目"住区开放空间的适老健康绩效与设计导控研究——基于武汉实证（项目编号：51978298）"、国家自然科学基金青年项目"基于生态系统服务'梯度权衡'的郊野公园生境格局优化研究——以武汉为例"（项目编号：52008180）的支持。

特此致谢。